建筑结构加固改造新技术

张　富◎著

北京工业大学出版社

图书在版编目（CIP）数据

建筑结构加固改造新技术 / 张富著. — 北京： 北京
工业大学出版社，2018.12（2021.5 重印）
ISBN 978-7-5639-6530-4

Ⅰ．①建…　Ⅱ．①张…　Ⅲ．①建筑结构－加固　Ⅳ.
① TU746.3

中国版本图书馆 CIP 数据核字（2019）第 020357 号

建筑结构加固改造新技术

著　　者：张　富
责任编辑：张　贤
封面设计：晟　熙
出版发行：北京工业大学出版社
　　　　　（北京市朝阳区平乐园 100 号　邮编：100124）
　　　　　010-67391722（传真）　bgdcbs@sina.com
经销单位：全国各地新华书店
承印单位：三河市明华印务有限公司
开　　本：787 毫米×1092 毫米　1/16
印　　张：10.5
字　　数：210 千字
版　　次：2018 年 12 月第 1 版
印　　次：2021 年 5 月第 2 次印刷
标准书号：ISBN 978-7-5639-6530-4
定　　价：56.00 元

前　言

　　建筑加固改造技术是随着建筑业的发展而发展起来的。近年来，我国建筑维护、加固和改造的需求量逐年递增，这种需求量急剧增长的背后是我国当前巨大的建筑存量。据统计，我国现存的各种建（构）筑物总面积在 500 亿平方米以上，其中，中华人民共和国成立初期建造的大量工业与民用建筑的服役期大多已超过设计使用年限，建筑结构存在各种安全隐患，急需进行加固改造；20 世纪七八十年代建设的城市老旧房屋，有的与当前日益完善的城市功能和居住需求不相适应，需要通过增层、扩面并结合建筑节能改造、抗震加固等手段，提升其使用功能和品质。同时，随着新型城市化建设的不断推进，中心城区商业开发、市政基础设施和大型综合体建设与建（构）筑物使用、历史古建筑保护之间的矛盾，需要运用平移、托换、顶升、增层、纠倾等多种技术手段对建（构）筑物加以综合改造和利用。从国外经验看，建筑业的发展通常会经历以下三个阶段：大规模新建阶段、新建与建筑改造并重阶段、以建筑改造为主的阶段。欧美等发达国家从 20 世纪 60 年代开始进入大规模加固改造阶段，目前已处于第三阶段。我国建筑业发展当前正面临转型升级，并将逐步进入新建与建筑改造并重的新常态。

　　建筑改造具有投入小、产出大、低碳环保、节能减排、新技术和新材料应用广泛等特点，符合国家可持续发展战略，对我国经济和社会发展具有重要意义和影响。因此，建筑加固改造技术将面临新的、更大的机遇和挑战。

　　本书以建筑加固改造为背景，结合典型案例，阐述了建筑增层、纠倾、水平或竖向移位、托换加固等改造技术的最新成果与工程应用实践。

目　录

第一章　建筑结构加固改造技术概述

第一节　建筑结构加固改造的背景与发展

一、建筑结构加固改造技术的发展现状

随着人类社会的不断进步，人们对建筑物的安全性能、使用功能等方面提出了越来越高的要求。然而，建筑物由于材料自然老化、累积损伤、环境侵蚀、自然灾害以及施工质量等原因又不可避免地出现大量的问题。因此，许多既有建筑物都面临着改造与加固问题。

国外建筑工程的发展过程表明，当工程建设进行到一定阶段后，工程结构的改造与维修将成为主要的建设方式。迄今为止，世界上经济发达国家的工程建设大体经历了大规模新建、新建与维修改造并重以及既有建筑维修改造三个发展阶段。20 世纪 70 年代以来，经济发达国家就已先后进入第三阶段，而且维修改造工程量仍处于上升趋势。在基本解决居住问题之后，人们开始重视旧建筑的修缮、保养和更新改造，加拿大、日本、丹麦等国逐步将重点放在对既有房屋的现代化改造方面，制定了一整套涵盖了维修改造业方方面面的政策和法规，美国也已把改造旧建筑和建造新建筑列于同等重要的位置。从 20 世纪 70 年代开始，英国把旧住宅维修改造作为住宅发展计划的重心，从大规模拆旧建新的住宅建设模式转为保护性维修改造和内部设施现代化。瑞典的建筑业在 20 世纪 80 年代就将既有建筑物的改造列为首要任务，1983 年用于维修改造的投资额占总投资额的 50%。至 20 世纪 80 年代末，欧洲各国的建筑日常维修资金投入年递增 6% ~ 10%，其中，旧住宅维修改造总额占住宅建设总额的 1/3 ~ 1/2，建筑维修改造市场开始进入了全盛时期。2004 年，美国建筑加固改造的工程规模占建筑业总产值的 1/3 以上，英国建筑加固改造的工程规模占建筑业总产值的 50% 以上。

改革开放以来，随着我国国民经济的快速发展，居民的生活条件及居住环境得到了极大的改善和提高。然而，早期建设的城市老旧房屋与日益完善的城市功能和居住需求不相适应，已成为我国当前城市化进程中需要改进和加强的薄弱环节。这些房屋大部分为多层建筑，其结构承载力尚有一定潜力，如果将这批建筑全部拆掉并重新规划建设，将造成极大的社会问题和资源浪费，因此此类建筑急需进行改造以提升使用功能和品质。同时，我国现

有一大批 20 世纪五六十年代建造的老房屋，它们因超过了设计基准期而有待加固。全国又有较多的建筑安全储备不足，部分住宅结构逐渐进入老龄化，同样需要进行加固改造。我国的工程结构特别是既有建筑物因为特殊的历史和发展方式，在许多方面更需要进行加固改造。此外，随着城市化进程的不断发展，城市土地资源日益稀缺，合理开发和利用城市既有建筑的地下室以下空间，具有十分显著的经济效益。

据统计，我国目前既有建筑面积为 500 多亿平方米，同时每年新建建筑面积为 16 亿平方米～20 亿平方米，城市化进程不断加快。由于地震、台风、火灾等灾害的影响以及规划、勘察、设计、施工和使用等方面的问题，建筑损伤、破坏、倾斜等问题不断出现。同时，为了适应人口增长和经济的发展，解决城市发展与古建筑保护、市政建设以及中心区域商业开发与既有建筑使用等之间的矛盾，均需要运用纠倾、移位、托换、增层等建筑特种工程技术予以解决。

二、建筑结构加固改造的原则和方法

采用纠倾、移位、托换以及增层等技术对建筑物进行改造的过程中，原结构的功能、荷载、传力途径往往会发生变化，因而需要对结构进行加固。结构加固是为了提高或恢复建筑结构的可靠性，其主要包括如下内容：提高结构构件承载力、增加结构构件刚度以降低荷载作用下的变形及位移、增强构件稳定性以及降低结构裂缝开展并改善其耐久性。建筑物改造过程中，应尽量利用和保护原有结构，控制加固范围，避免不必要的更换及拆除，以免加固过程中导致结构受损加剧及新问题的出现。此外，还应遵循如下原则进行加固：

①建筑结构的加固设计应由有相关资质的专业机构实施，加固前做好建筑物结构安全性鉴定和抗震性能鉴定。建筑结构是否需要加固应经结构可靠性鉴定而定，并将鉴定意见书作为结构维修加固改造设计的依据之一。由于建筑结构加固设计所面临的不确定因素比新建工程多而复杂，因此，承担维修加固改造设计的人员除具有较强的结构理论知识、明晰的结构概念外，还应具备较为丰富的工程经验。这样才能够全面系统地分析问题，并提出较为合理的结构加固设计方案。

②加固改造应结合既有建筑的实际情况，按照安全合理、经济可行的原则进行加固设计。加固改造的实施必须有科学的先后顺序，一般而言，应先加固后拆除；先加固后开洞；先基础后柱、梁和板；先重要构件，后次要构件。

③加固改造设计应遵循先整体后局部的原则，处理好构件与结构、局部与整体的关系。当个别构件加固不影响整体结构体系的受力性能时，可进行局部加固；结构整体不满足要求时，应对结构进行整体加固。加固过程中应首先考虑结构整体承载性能的改善，重点处理重要的结构构件，结构加固应避免因局部加强或刚度突变而形成新的薄弱部位，同时还应考虑结构刚度增大或变化而导致地震作用效应增大或变化的影响。进行抗震加固设计时，结构的刚度和强度分布要均匀，避免出现新的薄弱层；要使结构的受力状态更加合理，防止构件发生脆性破坏，消除不利于抗震的强梁弱柱、强构件弱节点等不良受力状态。此外，

还应对薄弱部位的抗震构造进行加强。

④加固过程应确保新、旧构件具有可靠的连接承载力，避免在连接节点以及新、旧结构交界面发生破坏。

⑤加固方法应可消除加固结构的应力、应变滞后现象。加固结构的受力性能与新建结构的不同，新加部分往往不能立即承担荷载，而是在新增荷载下才开始受力，新加部分的应力、应变滞后于原结构。因此，结构加固前一般宜先卸载或部分卸载。

⑥所选的加固形式应具有可靠的耐久性，避免加固后的结构因耐久性问题在后续使用过程中产生破坏。对于加固结构所用的化学灌浆材料及胶黏剂，要求其黏结强度高，可灌性好，收缩性小，耐老化，无毒或低毒。

⑦对加固工作中可能会出现的结构倾斜、失稳、坍塌以及过大变形等问题，加固设计中应有相应的安全措施以确保工程安全。

建筑物改造过程中往往需要对结构进行加固，常用的混凝土结构加固方法有增大截面加固法、置换加固法、外加预应力加固法、外粘型钢加固法、粘贴纤维复合材加固法、粘贴钢板加固法、增设支点加固法等。

（一）增大截面加固法

增大截面加固法是指在现有混凝土构件外加钢筋混凝土，增大原构件的截面面积，以提高其承载力和刚度的加固方法。该法适用于承载力或刚度不足引起的受弯、受压构件的加固。

（二）置换加固法

置换加固法是指用高强度等级的混凝土置换原结构中受压区强度偏低或局部有严重缺陷的混凝土的一种加固方法。该法适用于承重构件受压区混凝土强度偏低或严重缺陷的局部加固。

（三）外加预应力加固法

外加预应力加固法是指通过施加体外预应力，使原结构、构件的受力得到改善或调整的一种间接加固法。用预应力钢筋在构件外进行张拉，可以增加主筋，提高正截面及斜截面的强度。该法具有加固、卸载、改变结构内力的多重效果，适用于大跨度结构的加固。

（四）外粘型钢加固法

外粘型钢加固法是指对钢筋混凝土梁、柱外包型钢、扁钢，焊成构架并灌注结构胶黏剂，以达到整体受力、共同约束原构件要求的加固方法。该法适用于截面受到限制而无法大幅度提高截面承载力和抗震能力的钢筋混凝土梁、柱结构的加固。

（五）粘贴纤维复合材加固法

粘贴纤维复合材加固法是指通过粘贴碳纤维、玻璃纤维等纤维复合材料对钢筋混凝土受弯、受拉以及大偏心受压构件等进行加固的方法。粘贴前，纤维复合材表面应进行防护处理，且基材混凝土强度应不低于 C15，处于高温（高于 60 ℃）或特殊环境时，宜选用无机胶黏剂以提高耐久性。

（六）粘贴钢板加固法

粘贴钢板加固法是指在钢筋混凝土受弯、大偏心受压和受拉构件的表面粘贴钢板进行加固的方法。与粘贴纤维复合材加固法类似，其基材混凝土强度应不低于 C15，处于高温或特殊环境时，宜采用无机胶黏剂。

（七）增设支点加固法

增设支点加固法是指通过增设支点以减小被加固结构、构件的跨度或位移，以改变结构不利受力状态的一种间接加固方法。该法适用于对外观和使用功能要求不高的梁、板、桁架、网架等的加固。其支点根据支承结构、构件受力变形性能的不同，可分为刚性支点加固法和弹性支点加固法。刚性支点加固法是通过支承结构的轴心受压或轴心受拉将荷载直接传给基础或柱子进行加固的方法；弹性支点加固法是通过支承结构的受弯或桁架作用间接传递荷载进行加固的方法。

此外，绕丝加固、粘贴钢筋加固、聚合物浸渍混凝土加固、钢丝网片和聚合物砂浆面层加固等方法也常出现在混凝土结构加固中。

三、消能减震技术在建筑结构加固改造中的应用

在抗震设防区，结构进行加层或者较大幅度的功能改造后，原结构的承载能力往往无法满足要求，部分地区抗震设防烈度的提升也给结构加固改造带来了很大的困难。

传统结构抗震加固方法主要通过改变结构体系、增设剪力墙、加大结构构件截面尺寸或者增加配筋等途径来提高结构的抗震能力，特别是在高烈度区，这会导致结构改造费用大幅度提高，并对使用功能造成一定的影响。

隔震技术或消能减震技术可通过柔性消能的方式较大幅度地降低结构的地震反应。主体结构和消能装置分工明确，主体结构的承重构件负责承受竖向荷载和侧向地震作用，消能装置则为结构提供较大阻尼，以减小地震作用并耗散输入结构的地震能量。在小震或风载作用下，消能装置与原结构处于弹性工作状态，结构的刚度、强度和舒适度均满足正常的使用要求；在强震或强风作用下，消能装置则进入非弹性状态，从而产生较大的阻尼并吸收和耗散大量的地震能量，使主体结构的动力反应减小，以达到减震的目的。

传统加固方法用结构本身的抗侧力性能来抵御地震作用，通过材料的强度与构件的弹塑性变形能力来耗散和吸收地震输入结构的能量。在既有建筑物的抗侧力体系中设置消能部件后，结构构件截面以强度控制为主，不仅可以减小地震作用，耗散地震输入结构的能量，从而提高结构的抗震性能，还可以大大减小构件的截面尺寸，降低含钢量，并能有效节约经费和缩短工期。据统计，消能减震体系可比传统加固方法节约造价 10% ~ 50%。此外，消能减震技术具有构造简单、自重轻以及加固效果可靠等特点，在既有建筑的抗震改造加固中具有广泛前景。

第二节 建筑结构加固改造的问题分析

一、建筑加固改造的必要性

20世纪以来我国的GDP增长迅速，人们的生活水平也有了前所未有的提高，对建筑的安全性、适应性、舒适度要求也越来越高。经历了汶川地震、雅安地震的沉重打击后，人们对建筑领域的期望也与日俱增，国家加强了对建筑抗震领域的要求，随即推出了新的行业规范与标准。目前人们对现有建筑能不能满足安全要求的关注度也很集中，这样的国民思潮促进了鉴定加固行业的发展。需要加固改造的建筑主要有如下几种情形：

第一，结构形式需求的改变。首先，既有建筑的结构形式已经不能满足人们的生活需求，尤其是随着现代化设备的出现，如电梯、扶梯等，人们为了得到更好的生活质量，想要将现有的楼梯结构换成现代化的配置，这就需要我们把对既有建筑的加固改造事项提上日程；其次，既有的建筑空间已不能满足人们的工作、生活需求，故将建筑改造成大跨度、大空间的办公、居住环境；最后，为了降低土地的占有率，在原有建筑的基础上进行加层改造，以便获得更多的使用面积等。上述的各种需求都需要对既有建筑进行加固改造。

第二，自然灾害的影响。自然灾害（火灾、水灾、地震等）都具有偶然性，是不能人为避免的。无论是早期的唐山大地震还是2008年的汶川地震，都给人类带来了巨大的经济损失和大量的人员伤亡，让我们认识到建筑抗震设计的重要性。因此，建筑行业加强了对建筑抗震的研究和讨论，对于那些在地震中受到轻度损伤的建筑需进行加固处理；对处于地震带上的既有建筑要依据现有的规范标准来进行加固，做到防患于未然。

第三，原有建筑的施工质量不能满足现有规范的要求。以前因为规范不齐全、技术水平有限，所以建筑设计中存在一定的不合理性，也有的建筑虽然设计没有缺陷，但是施工质量控制等级较低，严重影响了建筑的安全性。例如，以前很多建筑所用的混凝土都是现场搅拌的，在搅拌过程中大多依据现场施工人员的经验，没有完全按照标准的比例进行配制，这类现场施工的做法致使混凝土的现实强度值与结构原设计要求的强度值之间存在差异，这会导致此类建筑工程需要进行后期的结构构件加固与改造，使其能到达到现有相关规定对混凝土强度的要求，让人们无论是住进该住宅还是在其中进行生产活动，都能够感到舒心和放心。

第四，建筑使用环境的影响。近年来，由于人类生活环境的破坏和污染，建筑物受到了一定的侵蚀损害。在工业集中区域或者临海近海区域，空气中含有大量的各种化学物质，这些化学物质不断侵蚀建筑物的外表面而且渐渐渗透到内部，导致混凝土炭化、钢筋锈蚀等，致使建筑结构中的混凝土与钢筋强度不断降低，以至于建筑构件的承载能力不能满足规范要求。对于处于严寒地区的建筑物，由于混凝土的冻融循环作用，导致混凝土极早地破坏甚至出现裂缝，不仅影响建筑物的美观，还削弱了其强度。

第五，经过多年使用后，很多建筑都即将达到原有设计使用年限，故需要对现在使用中的建筑进行检测鉴定，以保证能够准确地评定该建筑的安全等级，从而确定该建筑的安全性和适应性，以此来判断是否能够继续正常使用。如果发现存在安全问题，需要根据破坏程度和建筑安全等级，对其进行加固或拆除处理。

二、建筑加固改造的可行性

对既有建筑加固改造的必要性鉴定完成后，若需要对此建筑进行加固改造以便继续使用，那么就需要更深层次地分析最适合进行加固的时间、最合理的加固方案，以及不同时期加固改造的利弊。这些问题的关键就在于能否准确地确定或者预测既有建筑的使用寿命，是否完全掌握了既有建筑的各方面性能以及每种加固方案给其带来的影响。

建筑物应符合有关规定和要求的使用寿命即建筑物的设计使用年限，该年限是由建筑物的重要性来确定的。设计单位按照设计使用年限确定结构重要性系数，确定其地基的基础形式、结构主体的构造，确定建筑物建造过程中的施工工艺条件等，以此来确保该建筑物在正常使用情况下能达到使用年限。这里说的建筑使用寿命包括建筑物的技术寿命、法定使用寿命、经济寿命。其中，技术寿命一般是指建筑产品由于技术方面的原因而报废时的使用寿命，一般可以通过对建筑物进行检测鉴定来确定；法定使用寿命是指政府对折旧年限加以统一规定或限制，规定一定的折旧年限范围；经济寿命则是指由于经济方面的原因而报废时的使用寿命。

现在建筑行业的从业人员一般从既有建筑已经服务的年限开始着手期望可以预知其继续再利用的年限，通过分析比较其已经完成使用的年限和先前设计过程中规定的使用寿命两者之间的相互关系，确定该建筑物在每一个不同阶段进行加固的必要性和能继续发挥的作用，同时找出一个能达到最大使用和经济效益的时期，那么此时期便是进行加固改造的最佳时期。通过对最佳加固时期和其他加固时期进行评估，可以确定进行加固改造工作的可行性以及建筑加固的时期。

确定了加固时期之后，就该分析研究最佳的加固改造方案了。为了弥补各类房屋数量的严重不足和节约有限的土地占有率，对既有建筑进行加层改造无疑是最好的解决方案。但是并非所有的房屋都适宜进行增层改造。我们通过对既有建筑物结构和建筑基础进行检验鉴定，对地基基础进行勘察，做出可行性的评价意见，并根据经济情况选择合理的改造方案。对于受到自然灾害损害的房屋，没有倒塌的可以继续使用，但是其各方面的性能又不能满足使用要求，因此，我们应该考虑对其进行加固。加固之前，必须对其进行深入的检测鉴定和分析研究，不论是其上部结构的承载能力还是其下部基础的稳定性都应进行评估，并以此为依据进行结构加固方案的选择和加固后承载能力的预估，使其达到最佳的使用能力，发挥更大的经济效益。即将达到设计使用寿命的既有建筑更应该进行鉴定分析，以预估其剩余使用寿命、设计使用寿命以及加固后的设计使用寿命，比较研究后确定加固改造的可行性。不适合加固改造的建筑应拆除重建。

综上所述，我们应该在加固改造方案拟定前对建筑进行全面的鉴定分析，以保证对此建筑进行加固是可行的，是符合可持续发展战略的。

三、建筑加固改造中存在的问题

尽管我国目前在建筑加固技术方面已经获得了很大的进步，并具有广阔的发展前途，而且一直以来从事建筑工程设计的技术人员也具备了充足的实践经验，分析归纳了许多加固方法，解决了工程中的实际问题。但是试验结果和理论的研究成果仍然不够完善，加固技术也依然存在很多问题，这些问题极大地阻碍了建筑加固改造的发展。目前我国对既有建筑的加固主要涉及建筑增层加固、震后房屋加固、基础不均匀沉降加固、旧规范时期的旧建筑加固、主体构件的裂缝加固等。对于破坏比较严重的建筑需要进行整体加固，以提高结构的整体安全性，满足人们的生活需求。针对破坏性相对较小的结构或者个别结构构件，只需要进行部分加固就能满足其再利用的要求。但当对结构构件进行局部加固改造时，也要分析其对该建筑结构总体造成的影响，因为局部加固也可能会引起整体结构力的重分配，以至于加固楼层或者建筑整体结构的力传递方式、动力特性等发生改变。

综合上面的分析论述可知，目前我国在建筑加固改造方面还存在一些问题亟待正视和解决。

①在大部分情况下，加固过程中结构是不能彻底卸载的，故而在加固时结构构件一般都存在初始应力。我们应该对不同的初始应力水平和不同加固方法的适用性做进一步的研究，确切得到每种方法最适合的初始应力水平。

②目前我国使用的加固方法大多是单一的，对多种加固方法复合使用的试验及理论研究都很少。

③一些参与施工建设的单位对建筑结构进行鉴定加固改造的知识相对生疏，而且对结构加固改造工作的施工流程接触得比较少，在行业的认知方面容易出现过失。

④参与加固的有关建设施工单位对既有建筑结构检测、加固方案的选择和施工成品的验收等的标准掌握得少之又少。在工程实际操作过程中，我国在结构检测鉴定与加固改造领域的规则和行业标准等存在滞后性。

⑤在建筑结构加固过程中，单一材料的加固方法在理论和应用上都很成熟，但没能完全实现程序化的计算分析，以至于不能为工程应用提供更加便捷的途径。

⑥在采用增大截面加固法和外粘型钢加固法时，对于钢筋混凝土、型钢等的尺寸控制在什么范围内加固的效果最佳，目前尚没有确切的实验数据。

⑦对灾后建筑结构的加固方法、技术以及构件性能的分析还不够全面细致，因此我们要做进一步深层次的研究。

⑧加固工程的受力特点属于二次受力，要注意新旧部分协同工作的问题。但是如何保证新旧部分协同工作，在计算时又该如何考虑协同工作的问题都有待完善。

⑨加固工程要求在卸载的条件下进行，但如何实现结构卸载是一个工程难题，研究先进的卸载技术也是建筑加固行业关注的焦点。

⑩加固工程中，加固后的质量是保证结构正常工作的先决条件，但是我国对加固质量的检测手段和方法尚且不成熟。

针对上述建筑加固行业中存在的问题，我们应该从以下几个方面着手进行改进和研究。首先，将负责建筑结构加固改造的有关部门从进行建筑结构设计的公司中独立出来，组织有实践经验的相关技术人员设立专门从事加固工程的事务所，同时到有关部门进行加固改造工程设计的资格认证，从而有利于专门人才的相对固定和实践经验的积累，有利于提高设计质量，有利于相关部门的管理和调控，同时也有利于相关技术的快速发展和交流。其次，应该整合从事建筑工程加固改造的施工队伍，将那些没有固定工人和专业技术人员，甚至管理水平和技术水平都很有局限性的小公司整合起来，以提高专业的施工水平和技术水平，从而满足建筑加固工作的需要，并且要保证施工的工序和质量，杜绝以次充好、弄虚作假的行为。最后，加强对建筑加固行业的理论研究和实验数据的总结，研发适应范围广、加固成效明显的技术，而且要总结实际加固工作中的加固结果，并与试验数据进行比较，以利于对理论和试验数据的修订，让其更加接近工程实际值。

第二章　建筑结构改造技术分析

第一节　建筑纠倾技术

在生产和生活中，人们建造了大量的建筑物和构筑物。近年来，随着国民经济的迅速发展和城市化进程的加快，高层建筑不断涌现。但由于勘察、设计以及施工等种种原因，一些建（构）筑物在建设或者使用过程中发生了不均匀沉降，甚至倾斜，如著名的意大利比萨斜塔、苏州虎丘塔等。建筑物倾斜后，轻者影响正常使用，严重时会使结构遭受破坏或产生整体失稳破坏。此外，我国部分地区甚至出现了个别高层建筑因严重倾斜而拆除的案例。伴随着建筑倾斜的出现，建筑物纠倾技术得以逐步发展，通过纠倾可以用较小的经济代价确保建筑物的安全并恢复其使用功能。因此，建筑物纠倾技术的研究具有重要的工程意义。

一、建筑纠倾技术的发展现状

建筑纠倾技术最早出现在国外，较为典型的是加拿大特朗斯康谷仓纠倾工程和意大利比萨斜塔纠倾工程。特朗斯康谷仓建于 1913 年，长 59 m，宽 23 m，高 31 m，由 65 个圆筒仓组成；采用钢筋混凝土筏基础，厚 61 cm，基础埋深 3.66 m。在装载谷物过程中，因地基强度被破坏，谷仓发生整体滑移失稳，西侧下陷达 8.8 m，东侧则抬高了 1.5 m，仓身倾斜约 27°，详见图 2-1。事故发生后，在基础下设置了 70 多个支承于埋深 16 m 基岩上的混凝土墩，通过千斤顶顶升，成功将谷仓纠正，但整体标高降低了约 4 m。

比萨斜塔始建于 1173 年，塔高 56 m，塔楼为中空圆柱形砌体结构。由于不均匀沉降，塔顶最大水平偏移量曾达到 5.27 m，详见图 2-2。关于比萨斜塔倾斜的原因，学术界一直存在争议，近来较为一致的观点是塔体发生了平衡失稳。由于对地质构造缺乏全面、缜密的调查和勘测，塔基下地基土对塔基产生的力矩无法抵抗倾斜所产生的倾覆力矩，导致塔身逐渐向南倾斜。

图 2-1 特朗斯康谷仓倾斜图

图 2-2 比萨斜塔倾斜图

自 1934 年以来，为治理比萨斜塔，意大利政府采用了基础注射水泥浆、北侧地表加载、电渗固结等一系列方法进行加固。经过长时间的论证和试验，最终采用斜孔掏土法（如图 2-3 所示）于 2001 年使比萨斜塔顶部向北回倾了 440 mm，塔身的倾斜度由 5.5° 减小到 5°，从而保证了比萨斜塔的稳定和安全。

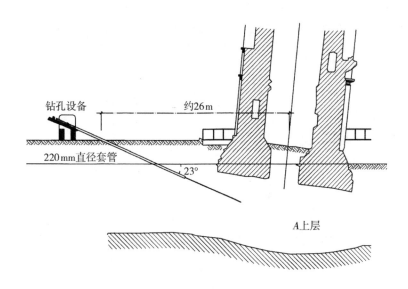

图 2-3 比萨斜塔斜孔掏土法纠倾示意图

20 世纪 90 年代以前，我国的建筑物纠倾技术处于探索阶段，部分学者和工程技术人员进行了一些理论研究和小规模的纠倾实践。近年来，随着城市建设的不断发展，高层建筑大量出现。由于规划、勘察、设计、施工以及自然灾害等各方面原因，倾斜建筑物大量出现，纠倾技术的发展和研究逐渐受到人们的重视。我国的纠倾技术虽起步较晚，但经过近 30 年的应用和发展，涌现出了许多新工艺、新方法和新技术，如在意大利工程师针对比萨斜塔的倾斜恶化问题而提出的地下抽土法的基础上，刘祖德教授首创了地基应力解除的纠倾方法；唐业清教授发明了辐射井射水取土纠倾法；阮慰文等开发了建筑物顶升纠倾技术等。我国的专家学者在实践的基础上，不断对建筑物纠倾和加固理论进行研究、总结，使建筑物纠倾技术逐渐由实践上升到理论，再由理论进一步指导实践。其中，水平孔洞条件下地基土应力场的数值分析技术、地基土塑性变形理论在掏土纠倾中的应用技术等均对纠倾实践起了指导作用。

总体而言，目前建筑纠倾技术的理论研究仍落后于工程实践。加强理论研究、提高计算机数值分析水平、完善建筑纠倾设计理论与计算方法，是十分必要的。

二、建筑纠倾方法

建筑纠倾法主要分为迫降和抬升两类，迫降纠倾法是基于土力学原理，通过加大沉降较小一侧的地基变形来纠倾，如图 2-4 a 所示。常见的迫降纠倾法包括浅层掏土法、地基应力解除法、浸水法、降水法、加压法、桩基卸载法等。抬升纠倾法通过直接改变上部结构的受力、位移或位移趋势来达到纠倾目的，如图2-4b所述。常见的抬升纠倾法包括结构抬升法和注入膨胀剂的地基抬升法等。在实际工程中，需要根据建筑物、场地地质条件以及周围环境等特点选用适宜的纠倾方法，有时候甚至需要多种纠倾方法联合使用。

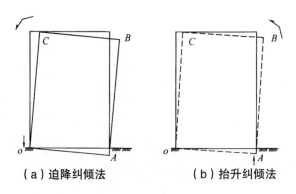

（a）迫降纠倾法　　　　　　　（b）抬升纠倾法

图2-4 纠倾示意图

（一）浅层掏土纠倾法

浅层掏土纠倾法是指根据建筑物不均匀沉降的状况，在建筑物沉降较小一侧基底下浅部硬土层内水平钻孔掏土，利用取土孔压扁变形和孔壁土体局部发生破坏使建筑物产生相应的沉降，以达到纠倾的目的。

（二）地基应力解除纠倾法

地基应力解除纠倾法是通过在建筑物沉降较小一侧的地基中竖向（或有一定倾角）钻孔，有次序地清理孔内泥土，逐步降低甚至解除一定深度内的部分地基土的侧向应力，造成地基侧向应力解除，使基底下淤泥向外挤出，引起地基下沉的纠倾方法。该法适用于建造在厚度较大的软土地基上的建筑物纠倾。

钻孔的布置和直径的选择应根据建筑物工程场地的地质条件、掏土的次序、纠倾量等确定，孔径一般可选0.4 m～0.6 m。钻孔内由基底向下3 m～5 m深度范围内宜设置钻孔的套管，套管长度应根据掏土深度确定，以保护基底下的土体不直接向侧向流动。施工时要根据建筑物的回倾速率，有计划地取出套管，挤入钻的淤泥，促使地基沉降，建筑物回倾。

（三）辐射井射水纠倾法

辐射井射水纠倾法是通过在沉降较少的一侧设置辐射井，由射水孔向地基土中压力射水并把部分地基土带出，外加大持力层使局部土体应力集中，促使地基压缩变形，进行排土纠倾的方法。该法适用范围广，对砂土、黏性土、粉土、淤泥质土以及填土等天然地基上的独立、条形基础建筑物以及箱形深基础建筑物具有很好的纠倾作用。

辐射井应设置在建筑物沉降较小一侧，井外壁距基础边缘宜为0.5 m～1.0 m，其数量、下沉深度和中心距应根据建筑物的倾斜情况、基础类型、埋深、场地环境以及基底下土层性质等因素确定。

通过高压射水枪的射水排土，在基础下地基中，形成若干水平洞，使部分地基应力被解除，可引起地基土不断塌落变形，迫使建筑物沉降小的一侧地基不断沉降。由于成孔大小、深度、间距的可调性，该法能有效控制建筑物的回倾速率和变形量。

（四）浸水纠倾法

浸水纠倾法是在沉降小的一侧基础边缘开槽或钻孔，有控制地将水注入地基内，使土产生湿陷变形，从而达到纠倾的目的。浸水纠倾法适用于含水量小于塑限、湿陷系数大于0.05 的湿陷性土或填土地基上整体性较好的建筑物的纠倾工程。

对可能引起相邻建筑或地下设施沉降以及靠近边坡或滑坡地段的纠倾工程，不得采用该法。对于含水量大、湿陷系数较小的黄土，单靠浸水效果有限，可辅以加压进行纠倾，同时要求注水一侧土中的压力超过湿陷土层的湿陷起始压力。

（五）降水纠倾法

降水纠倾法是在建筑物沉降较小一侧，通过设置轻型井点、沉井以及大口径深井等方式降低地下水位，增加土中的有效应力，使该侧的地基土产生固结沉降，从而达到纠倾的目的。详见图 2-5。

该法适用于地下水位较高、可失水固结沉降的砂性土、粉土以及渗透性较好的黏性土地基上的建筑物纠倾工程。降水井深度范围内有承压水时不得采用降水法，可能引起相邻建筑物或地下设施沉降时应慎用。

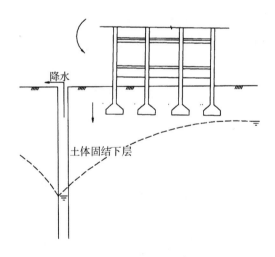

图 2-5 降水纠倾示意图

（六）加压纠倾法

加压纠倾法是通过在建筑物沉降较小的一侧增加荷载对地基加压，形成一个与建筑物倾斜相反的力矩，加快该侧的沉降速率，或在沉降较大的一侧减小荷载，减缓该侧的沉降速率，从而达到纠倾的目的。加压纠倾法包括堆载加压纠倾法、卸荷反向加压纠倾法和增层加压纠倾法等。

堆载加压纠倾法通过在沉降较小侧堆载，使浅基础产生附加沉降或使桩基础产生桩身负摩阻力。由于产生附加沉降或桩身负摩阻力需要较大且持续时间较长的堆载，所以在具体的纠倾过程中往往作为一种辅助方法与其他纠倾方法联合使用；卸荷反向加压纠倾法往往通过对沉降较大一侧基础卸荷和在沉降较小一侧堆载的联合方式进行纠倾；增层加压纠倾法则是通过上部增层以增加荷载分布的方式来进行纠倾。

（七）桩基卸载纠倾法

桩基卸载纠倾法就是通过人为方法使沉降较小一侧的桩或承台产生沉降，从而达到纠倾的目的，主要包括桩顶卸载纠倾法、桩身卸载纠倾法和负摩擦纠倾法。

对于支承在岩层或者坚硬土层上的端承桩、桩长很大的摩擦桩或摩擦端承桩，可将承台下的基桩桩顶切断，使承台下沉以达到纠倾的目的，此方法称为桩顶卸载纠倾法，即通常所说的截桩法。对于原设计承载力不足的桩基，桩顶卸载纠倾法可在纠倾的同时进行补桩，使沉降收敛加快。

对于摩擦桩宜采用桩身卸载纠倾法，可通过开挖暴露沉降较小一侧的桩体上部土方，增加桩体下部和桩端的荷载，或采用高压水，喷射建筑物沉降较小一侧桩身的全部或部分，或冲松柱底土层，暂时破坏部分桩的承载力，促使桩基础产生下沉。采用该方法纠倾时需要的时间比较长，且工作量比较大，往往需要与其他方法联合使用。采用桩身卸荷法纠倾时，应验算卸荷一侧桩承台的支承能力，防止建筑物产生不可控制的下沉。

负摩擦纠倾法是通过降低桩基建筑物原沉降较小一侧的地下水位，使降水漏斗曲面以上的土体失水固结，有效应力增加，并产生显著压缩沉降，对桩侧产生负摩阻力，形成下拉荷载，使基桩下沉，从而导致建筑物回倾的方法，详见图2-6。

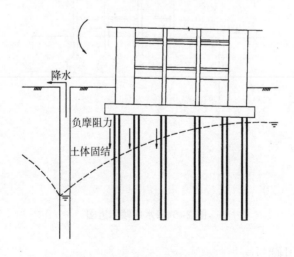

图2-6 桩基负摩擦纠倾示意图

（八）锚杆静压桩纠倾法

锚杆静压桩纠倾法是利用建筑物自重，在原建筑物沉降较大一侧基础上埋设锚杆，借助锚杆反力，通过反力架将锚杆桩逐节压入地基，以阻止建筑物不均匀沉降的方法。一般情况下，封桩是在不卸载条件下进行的，这样可对桩头和基础下一定范围内的土体施加一定的预应力，从而迅速起到纠倾加固的作用。锚杆静压桩也可以用于建筑物的抬升纠倾。按照设计方案将锚杆静压桩施工到预定深度后，在不进行桩头封闭的条件下实施临时持荷锁定，然后分组进行二次压桩和抬升纠倾，从而完成建筑物的纠倾与加固。

（九）顶升纠倾法

顶升纠倾法采用顶升机具或液压原理使建筑物上移，从而达到纠倾的目的。该法适用于建筑物的整体沉降及不均匀沉降较大、标高较低以及其他不宜采用迫降纠倾的倾斜建筑。顶升纠倾前要全面考虑地基基础及上部结构、荷载的特点，通过钢筋混凝土或砌体结构托换加固技术，将建筑物的基础和上部结构沿某一特定的位置进行分离。纠倾前需设置支承点，通过支承点的顶升设备，使建筑物沿某一直线或点做平面转动，使建筑物得到纠正。根据千斤顶设置位置的不同，可分为基础底部顶升法、地圈梁顶升法和上部结构顶升法等。当采用在基础底部顶升时，可在既有基础下设置桩体，提供有效反力。当采用其他顶升法时，要将设置千斤顶处的上下结构断开，并计算千斤顶作用处的局部抗压承载力是否满足要求，必要时要对建筑物的结构部分进行加固。

（十）压密注浆与膨胀纠倾法

压密注浆纠倾法是通过注浆对土体产生挤压，随着浆液对土体的挤压力的上升，浆液在土体中发生水平劈裂，形成浆脉之后，浆液对土体的作用方式以浆脉对土体的竖向挤压为主，浆液对土体产生了较大的向上顶升力，达到抬升基础的效果。

膨胀纠倾法就是用机械或人工方法成孔，然后将不同比例的生石灰、粉煤灰、炉渣、矿渣、钢渣等掺和料及少量石膏、水泥附加剂灌入，并进行振密或夯实形成石灰桩桩体，利用石灰桩遇水膨胀机理进行纠倾。膨胀纠倾法具有施工简单、工期短和造价低等优点，混合膨胀材料的方法对于湿陷性黄土地区倾斜建筑物的纠倾和地基加固具有明显的技术效果和经济效益。

第二节　建筑增层技术

一、建筑增层技术的意义及发展现状

随着国民经济的不断发展，许多建筑物受当时的经济条件和建筑技术的制约，在建筑使用功能和结构的形式、装饰方面已不能满足时代要求，尤其是 20 世纪 50 年代至 70 年代所建住宅，大多只是解决最基本的居住问题，很少有起居室、卫生间、储藏室等，功能很不完善。这些房屋大部分是 2 层～4 层的多层建筑，其结构承载力尚有一定潜力。如果将这批建筑全部拆掉并重新规划建设，将造成极大的社会问题和资源浪费，且国家财力也难以承受。采用房屋增层的方法对结构质量较好的既有建筑进行改造，可以达到经济、适用的目的。

我国人口众多，人均土地占有量相对较少，且每年基本建设、堆积工业废料等新占大量土地，城乡用地非常紧张。建筑物的增层是缓解用地矛盾的有效途径，通过建筑物的增层，可以增加建筑使用面积，提高土地利用率。同时，在旧房屋上加层属于旧房改造，在占地面积不变的情况下，可增加该区域的建筑密度，对该区域生活环境影响较小。在增层改造的过程中，通过合理调整原建筑的平面和立面格局，加固和改造主体结构，扩建原有水、暖、电等配套设备，可达到调整使用、增强房屋承载能力、延长使用年限的要求。建筑增层改造是现代建筑中常用的一种模式，是对原有建筑物的空间拓展和延伸。

加层改造的房屋已从多层发展为高层建筑加层，其中比较有代表性的是美国的塔尔萨俄克拉何马州中州大楼（见图 2-7）的加层改造。它是在原 16 层的建筑内构筑一个内筒来承担新增的 21 层建筑，成为世界上加层层数最多的增层改造工程。意大利的那不勒斯市政府办公楼（见图 2-8）也是较有特色的加层工程。原建筑包括地下室在内共四层，要求增加五层，同时要求施工期间不能停止使用。该工程在靠近原结构基础部位施打树根桩，树根桩上设置基础梁，基础梁上钢柱穿越原结构直通屋面。施工在晚间进行，办公楼白天不停止使用。加建的五层钢框架完成后，拆除原三层房屋并进行重建，并将有关楼板和整个结构连接起来形成一个整体。

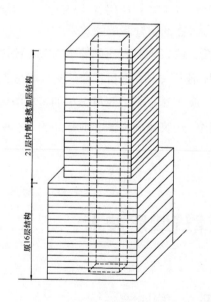
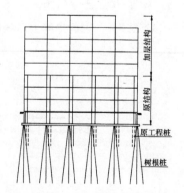

图 2-7 俄克拉何马州中州大楼　　图 2-8 意大利的那不勒斯市政府办公楼

国内既有房屋加层改造实践起步较早，比较有代表性的是建于 1915 年的上海工艺美术品服务部（见图 2-9）的加层改造工程。它是我国最早的既有建筑加层改造工程之一，同时也是加层次数最多的建筑物，由最初的两层现浇钢筋混凝土框架结构，先后进行了三次加层改造，逐步成为六层结构。

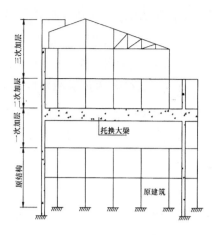

托换大梁

原建筑

图2-9 上海工艺美术品服务部增层

　　然而，我国既有房屋加层改造的发展速度较为缓慢。直到20世纪70年代初，既有建筑物的加层改造工程才迅速发展起来，全国各地纷纷开展对旧房的挖潜、改造、加固、加层工作。许多城市先后将旧房屋改造列入城市发展规划，颁布了有关旧城区现代化改造的文件和规定。其中较有代表性的加层改造工程有原纺织工业部办公楼、北京日报社办公楼、中国石油天然气总公司办公楼、杭州天工艺苑商场等。

　　总的来说，我国既有建筑加层改造出现了一系列新的发展方向：①由过去单个零散房屋增层发展到区域性、数十栋建筑的增层改造；②由一般的民用建筑增层发展到大型公共建筑、工业建筑、商业建筑、办公建筑增层；③由旧房屋增层发展到新建房屋增层；④由较为单一的砖混结构增层发展到多种结构形式的增层，从单层增层发展到多层增层，甚至出现了加建层数多于原结构的增层；⑤由地上增层发展到地下增层；⑥结构加层方法趋于多样化，耗能减震、隔震等新工艺、新材料逐步应用于房屋加层改造；⑦不同阻尼比的混合结构增层技术的研究和工程实践取得了很大进展。

二、建筑增层技术方法的分类

　　既有建筑增层是指在原有建筑基础上进行新的扩充、挖潜和改造加固，在安全、可靠以及经济合理的前提下，满足新的功能要求。增层改造与新建建筑不同，涉及既有下部建筑和新建上部建筑两部分，上、下部分建筑间的设计标准、使用年限等影响因素众多，必须妥善处理好设计和施工等技术问题。因此，需要从既有建筑实际情况出发，采用合理、可靠的结构形式进行增层改造。

　　总的来说，建筑物增层可分为地上增层和地下增层两大类。具体而言，结构增层又可分为直接增层、外套增层、室内增层以及地下增层四种方法。

（一）直接增层法

　　直接增层法是指在既有建筑上直接加层，增加部分的荷载全部或部分由原建筑承担。原结构竖向构件和基础承载力有一定富余时，直接增层具有较好的经济性。但是，直接增层也往往造成原建筑主体承重结构或地基基础难以承受的过大荷载，而增层建筑很大程度上需要利用原结构的承载力，所以增加层数一般较少，以 1 层～3 层居多。常见的直接增层方法有多层结构屋顶增层法、高层结构屋顶增层法。为减少整体建筑物的荷载，常采用钢结构作为增层结构。近年来，随着土地资源的日益稀缺，也出现了增建层数多于原建筑层数的直接增层工程，如杭州天工艺苑增层，该工程在五层混凝土结构基础上增建了七层钢结构。

（二）外套增层法

外套增层法指在不触动原有结构及基础的前提下，在原房屋外围增设新的结构形式，通过外侧承重构件支承并跃过原有结构，将原结构套在里面，在其上加若干层新建筑物的技术。外套增层法具有下列特点：外套增层施工期间，不影响原建筑的正常使用；新增层数不受限制，增层部分的平面不受旧房平面的限制，布置灵活；当外套增层与原建筑完全分开时，可解决旧房与新增部分由于建筑使用年限不同而造成的不合理问题。外套结构的形式很多，但从是否与原结构共同受力角度来看，可以划分为分离式体系和整体协同式体系两大类。

分离式是指新增结构同原结构彻底分开，新旧结构各自独立地承担竖向荷载和抵抗侧力。增层部分完全按新结构设计，原结构按有关规范标准进行鉴定加固。分离式加层具有传力路径明确、计算简图明晰、对原结构影响较小、增加的结构平面布置灵活、不受原结构的限制等优点，因而应用较广。然而，在抗震设防区采用分离式外套框架时，最大的缺陷是易形成头重脚轻、上刚下柔的结构，柔性底层容易形成抗震薄弱环节。

整体协同式外套结构即将新旧结构采用某种构造连接起来，形成整体来共同抵抗侧向力。该结构旨在充分利用原结构的抗震潜力，通过连接作用使新旧结构互相制约，彼此传递能量，共同抵抗侧力，改善结构整体抗震性能。整体式避免了分离式出现的"高腿柱"现象，减小了底层柱的计算长度，提高了抗侧刚度，但加层后新旧结构之间作用不明确，新旧结构交织在一起，使竖向和水平传力路径复杂。

（三）室内增层法

建筑物室内增层是指在旧房室内增加楼层或夹层的一种加层方式，它可充分利用旧房屋盖、部分楼盖及外墙，只需在室内增设部分承重及抗侧力构件，在保持原建筑立面的条件下达到改变房屋用途、扩大使用面积的目的。通过室内增层可提高土地使用效率，增加使用面积，结合旧房的立面改造和抗震加固延长旧房的使用寿命，是一种经济合理的加层形式。室内增层基本的结构形式有分离式、整体式、吊挂式、悬挑式等四种。

①分离式室内增层是指在室内增加新的结构体系（一般为框架体系），新旧结构之间是相互独立的，彼此间无变形协调要求，原建筑仅涉及抗震加固和立面改造，相对比较简单，加固改造与新建施工互不干扰。如大型体育场馆、机场或博物馆等大空间结构内部增建独立用房。

②整体式室内增层是指室内增层时将新建承重结构与原结构连接在一起，新旧结构结合形成整体，共同工作。该方法整体性较好，要求新旧建筑必须具有可靠的连接措施。如大跨度厂房内增建的多层管理用房，其往往与原有竖向承重构件直接连接。

③吊挂式室内增层是指采用吊挂的方式把增层荷载传递到上一楼层。

④悬挑式室内增层是指用悬挑构件将荷载转移到原建筑物。

（四）地下增层法

随着城市化进程的不断发展，城市土地资源和空间发展的矛盾和问题日益突出，地下空间的利用不断立体化。合理开发和利用城市既有建筑地下室以下空间，是当前解决城市土地资源和空间发展矛盾的有效途径之一。在周边建筑密集、市政道路及管线设施众多的城市核心区进行地下增层具有十分显著的经济效益。对于需要保护的历史文化建筑以及其他建筑，通过地下增层拓展使用功能、改善居住条件也具有显著的社会意义。

由于受诸多因素的影响，既有建筑下方地下工程的改扩建技术和施工难度较大，经济成本高昂。地下工程改扩建一般局限于以下方面，如新增局部地下室；单层空旷房屋的中部离原基础较远的地方加建地下室；既有地下室向四周扩建，一般也仅在地下室的一边或两边向外扩大等。

随着社会发展的需要，出现了既有建筑下方整层性质的地下室增建工程，如杭州甘水巷多层建筑组团增建整体地下室。此外，本章第五节介绍的既有高层建筑下方逆作开挖增建地下室的案例，通过采用狭小空间内锚杆静压钢管桩与既有工程桩联合支撑托换技术以及后增柱竖向差异变形控制技术，提供了建筑密集区高层建筑地下室向下增层的方法。该项目的设计实践表明，该方法可保持地上原有高层建筑使用功能以及不影响周边环境的同时进行地下室逆向加层施工，可为今后国内高层建筑向下增层提供借鉴。

三、增层建筑的地基与基础

建筑物增层后，上部结构需要通过基础将原结构与新增结构的荷载传递到地基中去，因此，既有建筑下方地基承载力的确定是加层设计中至关重要的问题，其大小决定增加层数和上部结构方案的选择。地基土在既有房屋长期荷载作用下性状将发生显著变化，地基逐步固结，产生压密效应，因而地基承载力得到提高。对柱下独立基础而言，地基土的压密效应是既有建筑地基承载力提高的关键因素，其影响的深度主要在基础下 1.25 倍基础宽度范围内。这种土的压密过程与基础压力的大小、基础宽度、房屋建成的时间、土体本身的性质及渗透性、排水条件等有关。根据经验，一般情况下可比原始承载力提高 10% ～ 50%，设计时可取 20% ～ 30%。当房屋建造时间太长、原始资料不全、难于确定原有房屋的原始承载力时，也可以通过原位测试或取样试验，按与新建筑物相同的方法确定其承载力。根据经验确定由恒载引起的地基沉降量：对于低压缩性黏土，一般在施工期间已完成 50% ～ 80%；中等压缩性黏土为 30% ～ 50%；高压缩性黏土为 10% ～ 30%。

砂土地基的沉降量一般在施工期间已基本完成，建成 10 年以上的建筑都可认为地基承载力已得到提高。在实际工程中最好在基底下 1 m 范围内取土样进行试验，以确定土的允许承载力和压缩模量。

对于重要增层、增加荷载的建筑物，地基承载力特征值应采用原位测试结果，并按《既有建筑地基基础加固规范》（JGJ 123—2012）或《建筑物移位纠倾增层改造技术规范》的规定综合确定。此外，增层建筑地基承载力特征值可按以下原则确定。

①对于外套结构增层和需单独新设基础的室内增层，其承载力特征值应按新建工程的要求确定。

②沉降稳定的建筑物直接增层时，其承载力特征值可适当提高，并按式（2-1）进行估算：

$$f_{ak} = \mu[f_k] \tag{2-1}$$

式中，f_{ak} 为建筑物增层设计时地基承载力特征值（kPa）；$[f_k]$ 为原建筑物设计时地基承载力特征值（kPa）；μ 为地基承载力提高系数，按表2-1采用。

表 2-1 地基承载力提高系数

已建时间 / 年	5 ~ 10	10 ~ 20	20 ~ 30	30 ~ 50
μ	1.05 ~ 1.15	1.15 ~ 1.25	1.25 ~ 1.35	1.35 ~ 1.45

注：①对湿陷性黄土、地下水位上升引起承载力下降的地基，原地基承载力特征值低于 80 kPa 的地基，上表不适用。

②对于砂土和碎石土地基，μ 值不宜超过 1.25。

③当有成熟经验时，可采用其他方法确定 μ 值。

④当原建筑物为桩基础且已使用 10 年以上时，原桩基础的承载力可提高 10% ~ 20%。

考虑地基承载力的提高，多层建筑屋顶增加单层轻钢后，地基基础一般无须进行加固。

既有建筑地基承载力确定后，根据增层后基础所承受的荷载以及现有基础的实际情况，可以确定地基基础是否需要加固以及加固方法。

常规基础加固方法有基础补强注浆法、扩大基础底面积法、改变基础形式法和基础托换法等。其中，基础补强注浆法可用于基础因受不均匀沉降、冻胀或材料老化等原因引起的开裂或损害加固；扩大基础底面积法用于地基土质良好、承载力高而基础底面尺寸不足时的基础加固；当不宜采用钢筋混凝土外套加大基础底面积时，可采用改变基础形式的方法，如将独立基础改为条形基础，将条形基础改为十字交叉基础；当基础承载力不足时，为了大幅度提高现有基础的承载能力，可在现有基础的下部增加新的永久性基础，如锚杆静压桩、树根桩等。

常用的地基加固方法主要有注浆加固法、高压喷射注浆法和水泥土搅拌法等。其中，注浆加固法可用于砂土、粉土、黏性土、黄土和人工填土的地基加固；高压喷射注浆法可用于淤泥、淤泥质土、黏性土、粉土、黄土、砂土、人工填土和碎石土的地基加固；水泥土搅拌法可用于处理正常固结的淤泥和淤泥质土、粉土、饱和黄土、素填土、黏性土以及无流动地下水的饱和松散砂土的地基加固。

四、增层结构非比例阻尼地震反应分析

结构由钢筋混凝土和钢两种不同类型的材料组成时，按照全楼统一的阻尼比计算地震作用，其结果是不合理的。按照混凝土阻尼比输入将使计算的整体地震作用偏小，按照钢的阻尼比输入将使计算的整体地震作用偏大，但对于交界部位的构件，安全性仍然无法保证。

振型分解反应谱法利用振型正交的特性，将地震作用下结构的复杂振动分解为各振型独立振动的叠加，利用设计反应谱分别计算结构在各自振型下的等效地震作用，然后按照一定的组合原则对各阶振型的地震作用效应进行组合，从而得到多自由度体系的整体地震作用。采用振型分解法时，要对振型进行解耦，要求阻尼体系为比例阻尼。然而对于不同材料组成的结构体系，其阻尼体系为非比例阻尼。在混凝土结构上采用钢结构进行加层，新结构为混合结构，不同材料的能量耗散机理不同，因此相应构件的阻尼比也不相同，一般钢构件取 0.02，混凝土构件取 0.05，各阶振型的阻尼比无法采用同一数值进行确定。然而，对于每一阶振型，不同构件单元对于振型阻尼比的贡献与单元变形能有关，变形能大的单元对该振型阻尼比的贡献较大，反之则较小。因此，可根据该阶振型下的单元变形能，采用加权平均的方法计算出振型阻尼比。

当结构中使用不同的材料或者设置了阻尼器时，各单元的阻尼特性可能会不一样，并且阻尼矩阵为非古典阻尼矩阵，不能按常规方法分离各模态。而这时在时程分析中要使用振型叠加法，需要使用基于应变能的阻尼比计算方法。

具有黏性阻尼特性的单自由度振动体系的阻尼比可以定义为谐振动中的消散能和结构中储藏的应变能的比值：

$$\zeta = \frac{W_D}{4\pi W_s} \tag{2-2}$$

式中，W_D 为阻尼耗能；W_s 为弹性应变能。

在多自由度体系中，计算某单元的消散能和应变能时使用以下两个假定：

首先，假定结构的变形与振型形状成比例。第 n 个振型的单元节点的位移和速度向量如下：

$$u_{i,n} = \varphi_{i,n} \sin(\omega_i t + \theta_i) \tag{2-3}$$

$$u_{i,n} = \omega_i \varphi_{i,n} \cos(\omega_i t + \theta_i) \tag{2-4}$$

式中，$u_{i,n}$ 为第 i 振型中第 n 个单元的位移；ω_i 为第 i 振型中第 n 个单元的速度；$\varphi_{i,n}$ 为第 n 个单元的相应自由的第 i 阵型形状；t 为第 i 振型的固有频率；θ_i 为第 i 振型的相位角。

其次，假定单元的阻尼与单元的刚度成比例。

$$C_n = \frac{2\xi_n}{\omega_i} K_n \tag{2-5}$$

式中，C_n 为第 n 个单元的阻尼矩阵；K_n 为第 n 个单元的刚度矩阵；ξ_n 为第 n 个单元的阻尼。

基于上述假定，单元的消散能和应变能的计算如下：

$$W_\mathrm{D}(i,n) = \pi u_{i,n}^T C_n u_{i,n} = 2\pi h_n \varphi_{i,n}^T K_n \varphi_{i,n} \qquad (2-6)$$

$$W_\mathrm{s}(i,n) = \frac{1}{2} u_{i,n}^T K_n u_{i,n} = \frac{1}{2} h_n \varphi_{i,n}^T K_n \varphi_{i,n} \qquad (2-7)$$

式中，$W_\mathrm{D}(i,n)$ 为第 i 振型的第 n 个单元的阻尼耗能；$W_\mathrm{s}(i,n)$ 为第 i 振型的第 n 个单元的应变耗能。

整体结构的第 i 振型的阻尼比可以用单元（构件）第 i 振型的阻尼耗能与应变能之比来计算。

$$\zeta_i = \frac{\sum_{n=1}^{N} W_\mathrm{D}(i,n)}{4\pi \sum_{n=1}^{N} W_\mathrm{s}(i,n)} = \frac{\sum_{n=1}^{N} h_n \varphi_{i,n}^T K_n \varphi_{i,n}}{\sum_{n=1}^{N} \varphi_{i,n}^T K_n \varphi_{i,n}} \qquad (2-8)$$

建筑增层由于受荷载制约，多采用钢结构进行加建，因此出现上部为钢结构下部为混凝土结构，或者上部为钢结构而下部为钢框架与混凝土核心筒所组合的混合结构。基于应变能的振型阻尼比法分析表明，加建结构由于结构自身的特点，计算所得到的各阶振型阻尼比往往也有较大差别，抗侧力构件中混凝土构件所占比例较大则主要振型阻尼比接近0.05，抗侧力构件中钢构件所占比例加大则主要振型阻尼比为 0.035 ~ 0.04。《高层建筑混凝土结构技术规程》所定义的钢框架或型钢混凝土框架与钢筋混凝土核心筒所组成的混合结构，其计算阻尼比一般取 0.04，多高层钢结构加层计算表明，钢结构增层项目采用单一阻尼比 0.04 进行计算，与振型阻尼比方法计算结果误差一般在 5% 以内。

当建筑结构的阻尼比按有关规定不等于 0.05 时，地震影响系数曲线的阻尼调整系数和形状参数应符合《建筑抗震设计规范》（GB 50011—2010，2016 年版）的相关规定。

不同阻尼比时地震影响系数曲线（如图 2-10）表明，除反应谱曲线平台段以外，阻尼比对地震力影响相对较小。

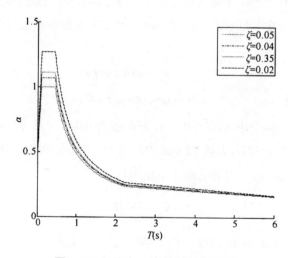

图 2-10 阻尼比 - 地震影响系数曲线

若以阻尼比为 0.04 时对应地震力为基准，不同阻尼比与地震力的比值详见图 2-11。显然，对应阻尼比在 0.05 ~ 0.02 之间，该比值的最大波动区间为 95% ~ 118%；对应阻尼比在 0.05 ~ 0.035 之间，该比值的最大波动区间为 95% ~ 104%。高层加层建筑控制振型一般在反应谱曲线平台段以外，地震力差值将减小，考虑加层钢结构的实际阻尼比与 0.04 一般比较接近，同时各阶不同阻尼比振型的共同作用，采用单一阻尼比计算所得地震力与振型阻尼比方法计算地震力差值在 0 ~ 3% 之间，单一阻尼比方法可以满足屋顶钢结构加层工程的需要。

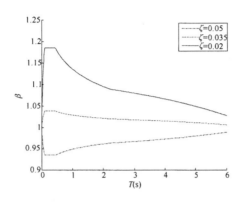

图 2-11　阻尼比与地震力的比值

图 2-12 为有阻尼单自由度体系的振动响应曲线，图中 T 为无阻尼体系的自振频率。由图可知，对于阻尼比为 0.05、0.04、0.02 的低阻尼体系，其自振频率与无阻尼自由振动频率接近，阻尼对自振频率的影响很小；从振幅的角度而言，其随时间而逐渐衰减，不同阻尼比的振幅差异随时间增大，阻尼比为 0.05、0.04、0.02 时前期差异较小。但是对于采用了耗能减震的高阻尼体系，振幅衰减剧烈。

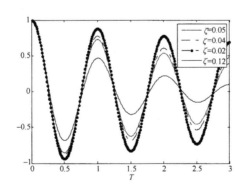

图 2-12　有阻尼单自由度体系的振动响应曲线

图 2-13 为单自由度体系在简谐荷载作用下结构位移动力放大系数。地震波可以离散为一定频段范围内无数简谐波。由图 2-13 可知，对于阻尼比为 0.05、0.04、0.02 的低阻尼体系，除了接近共振区的极小频段外，动力响应系数均很接近。但是对于采用了耗能减

震的高阻尼体系，动力响应系数则在较大一个频段范围内皆下降迅速。

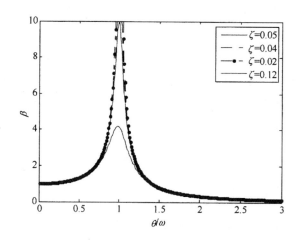

图 2-13 单自由度体系位移动力放大系数

总体而言，对于混凝土和钢结构等低阻尼体系，弹性阶段整体地震响应差异一般在 25% 之内，高层建筑一般在 15% 之内。无论是多层、高层混凝土结构还是钢－混凝土混合结构，进行钢结构加层后，虽然不同材料阻尼比不同，采用混合结构统一阻尼比为 0.04 进行计算，结构总体地震反应偏差将减小。但是，对于局部振型起控制作用的钢构件（或构件组），如顶层轻钢、屋顶钢网架（竖向振动控制）以及悬挑钢雨篷，最大可引起 20% 左右的偏差，因此，此类构件的连接节点必须有可靠的保证。

此外，还需指出的是，当结构构件进入弹塑性状态后，地震作用下构件屈服将取代材料阻尼特性成为结构耗能的主要形式。因此，弹塑性状态下，不同材料结构间的地震反应差异（尤其是内力方面）可能比弹性状态下的地震反应差异要小。

第三节　建筑物移位技术

一、建筑物移位技术的意义与发展现状

（一）建筑物移位技术的意义

建筑物的移位是指在保持房屋整体性和使用性不变的前提下，将其从原址移到新址，包括纵横向移动、竖向移位、转向或者三者兼而有之。建筑物的移位是一项技术要求较高，具有一定风险的工程。通过移位后建筑物能满足规划和市政方面的要求，而且还不能对建筑物的结构造成损坏。因此，移位前应当根据建筑物结构特性予以针对性补强和加固。

目前，我国正处于经济迅速发展的阶段，城市建设日新月异，城市建设和改造在大

规模进行。旧城改造的主要手段是强制拆除，但在规划强制拆除的建筑中有一部分仍具有较大的使用价值，这些建筑强制拆除将造成巨大的经济损失和大量不可再生的建筑垃圾，特别是一些具有人文价值的历史建筑，一旦拆除，将给国家造成无法弥补的损失，建筑物整体迁移技术是解决上述矛盾的有效手段。大量的工程实践表明，建筑物整体迁移技术有较高的社会效益和经济效益，建筑物的整体迁移造价大约为新建同类建筑物的30% ~ 60%，迁移施工工期约为重建同类建筑物的1/4 ~ 1/3。移位施工过程中，除底层外上部使用功能基本不受影响，由此产生的间接经济效益甚至比单纯土建造价节省更显著。此外，整体迁移技术对环境保护有着非常重大的意义，建筑物拆除将产生大量不可再利用的建筑垃圾，从而对环境造成极大的污染；同时在拆除过程中，产生的大量粉尘和噪声对环境和人体都造成了极大的危害。

由此可见，通过整体迁移技术，将仍具有历史价值或使用价值的建筑物保存下来，不但可以满足城市整体规划和环境保护的要求，还可以节省大量的建设资金和搬迁安置费用，且能大幅度缩短工期。该项技术在全国范围内广泛推广使用将具有良好的社会和经济效益。

（二）既有建筑物移位的发展现状

建筑物整体移位技术在国外已有上百年的历史，发达国家非常重视对有继续使用和文物价值的古建筑的保护，经常通过移位技术将其移至合适位置予以保留和保护。我国从20世纪90年代初开始应用这项技术，目前已移位上百例建筑物，积累了一定的工程实践经验。

世界上第一座建筑物整体迁移工程是1873年位于新西兰新普利茅斯市的一所一层农宅的迁移，当时使用蒸汽机车作为牵引装置。现代整体移位技术始于20世纪初，1901年美国爱荷华大学由于校园扩建，将重约6 000t的三层科学馆进行了整体移位，而且在移动的过程中，为了绕过另一栋楼，采用了转向技术，将其旋转了45°。移位工程采用圆木作为滚轴滚动装置，并以螺旋千斤顶提供水平牵引力。该建筑物至今仍在使用，已经经受了上百年的考验。

在以后近100年的时间里，许多国家都采取了移位技术对既有建筑进行保护。

1999年美国明尼苏达州舒伯特剧院进行了平移，平移采用的平板拖车自身具有动力装置，在平移现场外观看不到牵引设备。为了增加其整体性，将剧院内地面向下开挖6.1m，在墙下浇筑了混凝土墙对建筑物进行了加固，然后填砂至地面下1.52m处，并在此空间内设置主次钢梁托换系统。

1999年，丹麦哥本哈根飞机场由于扩建需要，将候机厅从机场一端移至另一端。工程经过四个月的准备工作，在四天之内移动了2 500m。该工程采用了多种规格的液压多轮平板拖车，在车上安装了自动化模块和电脑设备，可以自动调节 x 或 y 方向的同步移动以及补偿 z 方向不同路面之间的沉降差。较为可惜的是，由于各拖车荷载分配与计算问题，移位时建筑物内部出现了一些细小裂缝。

近几年，我国的整体移位技术得到了迅速发展，取得了许多成功的实践经验。我国整体移位应用的首例是1992年重庆地区某四层砖混结构，平移了8.0m。此工程采用了液压千斤顶钢拉杆牵引机构，底部采用滚动装置。2000年12月，山东省临沂市国家安全局办公大楼进行了移位，该建筑物高度为34.5m，建筑物总重约6 000t，其先向西平移96.9m，然后换向，向南平移74.5m。该工程规模大，并且采用了许多成功的施工技术，对移位工程具有借鉴作用。

国内移位工程中，比较具有代表性的是上海音乐厅的整体迁移。上海音乐厅位于延安东路523号，建于1930年，占地面积为1 254m²，建筑面积位3 000m²，质量为5 850t，采用框架－排架混合结构，是中国著名建筑师设计的西方古典建筑形式的优秀作品，也是上海近代的优秀历史建筑。上海音乐厅在音乐界代表了上海最高水平的演出场所。自从延安高架建成后，高架下匝道距离音乐厅大门不足20m，高架与音乐厅超近的距离使音乐厅无法正常发挥演出效果。在人民广场规划改造时，发现音乐厅的位置对整个广场的改造布局也增加了难度。如果将其拆除，这座优秀历史建筑就会从此消失，如不拆除则影响规划，音乐厅遭受高架高密度行车的影响，使演出效果大打折扣。为解决建筑保护、改善建筑使用功能、方便人民广场总体规划三大问题，上海市政府决定将其移位保护。上海音乐厅结构空旷，空间刚度较差，加之历史悠久，其结构强度很低。2002年12月，上海音乐厅整体移位开工，2003年7月移位顶升就位，并在新址增加两层地下室。该工程斜向移位66.48m，顶升3.38m，其中原址顶升1.7m，新址顶升1.68m。该工程在国内首次采用了PLC控制的液压同步平移顶升系统，提高了移位施工的整体技术水平。

除建筑工程外，移位技术也大量应用于构筑物、桥梁等领域。杭州京江桥东辅道桥为3跨钢箱梁桥，全长93m，主跨53m，桥体宽14.5m，桥下净空8.5m，钢箱梁自重1000多吨。因秋石高架城市道路改造需要，将该桥整体向东平移5.5m。杭州圣基特种工程公司采取整联同步升降、同步顶推移位技术，通过设计空间桁架式滑道，顶升托换后，将桥体精确无误地平移，并同步降落至新桥墩上。为使工程施工期间保持通航，快速成功地完成了华东地区首例城市桥梁移位工程。

工程移位后，通过设置减震、隔震装置进行就位连接，既有效提高了建筑物的抗震性能，又提高了移位建筑的使用寿命。济南市纬六路老洋行是济南仅存的一座欧洲巴洛克建筑风格的建筑，建于1919年，为三层砖石结构，木楼板，建筑面积约为600m²。2005年9月因道路拓宽将其沿建筑物横向平移了17.0m。该建筑物平移就位后，安装了隔震橡胶垫。

我国建筑物整体移位工程越来越多，与国外相比，我国建筑物整体移位工程的规模较大，但牵引设备和自动控制技术明显落后。目前，在国外使用最多的移位设备是多轮平板拖车，尤其是自身可提供动力的多轮平板拖车。2009年以来，在国内也有部分建筑物整体移位工程采用了自身可提供动力的多轮平板拖车作为牵引设备。

国内移位工程涉及砖混、框架等多种结构形式，有竖向顶升、水平纵横向移位和旋转等多种移动方式，采用滚动式、滑动式和轮动式等多种方式，从事整体移位工程的技术人员已积累了丰富的工程经验。但是大部分工程的设计与施工大多依靠经验，至今没有形成成熟的计算理论和设计依据，对建筑物整体移位的研究明显落后于工程实践。在移位工程中涉及的托换、牵引以及自动化控制等关键技术领域还需要进行更多的研究。

二、建筑物移位分类

移位工程根据建筑物上部结构和基础的整体性、动力形式、移位方式可分为以下几种形式：

①根据上部结构和基础的整体性划分，可分为整体移位和分体移位。

②根据移位过程的动力形式，可分为牵引移位、顶推移位和牵引与顶推相结合的综合移位。

③根据移位方向划分，可分为水平移位和竖向移位。其中，水平移位主要有三种方式：轮动式、滚动式和滑动式。

轮动式移位是指将需要移位工程托换在一种特殊的平板拖车上，用拖车带动其移位。该法一般适用于长距离以及荷载较小的工程。滚动式移位是指在移位物体的托换梁和轨道梁之间安放滚轴，通过施加反力实现其移位的目的。该方法移动阻力小，移动速度快，但是容易因轨道不平或者个别滚轴破坏引起建筑本身内力重分布进而导致其开裂或者损坏。滑动式移位是指在托换结构和轨道梁间设置滑块，施加动力使其产生相对移动以达到移位的目的。通过设置聚四氟乙烯等低摩阻材料和滑动面涂抹黄油等润滑介质可有效减少移动过程的阻力。该法摩擦系数较大，移位需提供较大的推力，并且对轨道的平整度要求非常高。在这种传统滑动式移位的基础上发展了一种内力可控的滑动支座，采用液压千斤顶代替普通滑块，千斤顶下设置滑动材料。通过实时自动调整千斤顶反力，能有效地避免轨道不平整和滑块变形对上部结构的影响。

第四节 建筑托换技术

一、建筑托换技术的应用意义及发展现状

（一）建筑物托换的应用意义

城市发展是一个渐进的过程，大部分空间拓展都要在原有建筑的基础上进行，不可避免与原有空间设施发生重叠与冲突，因而需要尽量在不破坏原有建筑物的基础上进行房屋的改造和处理。托换技术是针对这些特殊的情况和需要发展起来的一种建筑特种工程技术。

随着我国经济的发展和城市化水平的提高，城市人口不断增加，城市建筑用地越来越

紧张，城市空间日益拥挤、交通堵塞等问题层出不穷。城市地下交通的修建可以在一定程度上缓解路面的交通压力，并促进城市轨道交通的发展。然而，在城市地下工程施工建造中经常要涉及对已有地面建（构）筑物的保护和加固，因此建（构）筑物的托换技术必然成为城市地下工程经常采用的技术手段。图 2-14 为深圳地铁穿越框架结构时桩基托换图。

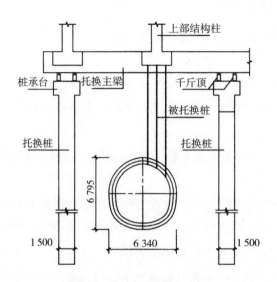

图 2-14 框架结构桩基托换图

此外，托换技术在建筑物抽柱托梁的功能改造、增层托换以及抢险控沉等方面都有着广泛的应用。

（二）托换技术的发展现状

托换技术的起源可追溯到古代，但是直到 20 世纪 30 年代纽约兴建地铁时才得到迅速发展。国外最早的大型基础托换工程之一是英国的温彻斯特大教堂（如图 2-15）。该教堂已持续下沉了 900 年，在 20 世纪初由两位潜水工在水下挖坑，穿越泥炭和粉土到达砾石层，并用混凝土包填实而进行托换，使其至今完好无损。国外建筑结构加固与改造工程的研究与应用起步较早，欧美一些国家在"二战"后，工业结构出现了重大调整，工业建筑的改造逐步成为建筑物加固与改造的重点。尤其是德国，在许多城市的扩建和改建工程中，特别是在修建地铁工程中，大量采用综合托换技术，积累了丰富的经验，取得了显著的成绩，并已将托换技术编入了德国工业标准。近年来，当前世界各国的托换加固工程数量日益增多，因此，托换技术也有了飞跃式的发展。

图 2-15　英国温彻斯特大教堂

　　我国的托换技术起步较晚，但由于现阶段我国大规模建设事业的发展，其数量与规模在不断增长，托换技术正处于蓬勃发展时期。从 20 世纪中期开始，国内学者就对托梁换柱结构改造进行了相关探索。1982 年，王重穆等利用托梁换柱方法拔除柱子，扩大了车间空间；1988 年，黎伟等对重钢五厂二期节能改造工程中的一单层双跨厂房进行托梁换柱改造。之后很多学者对托梁换柱技术进行了研究与应用，很多的改造项目都属于为了满足工艺流程而进行改进的工业建筑，尤其以电力、冶金及机械等的厂房居多。在汇合城商业改造中，杭州圣基特种工程有限公司对覆土屋面进行了预应力托梁换柱提升改造。

　　在基础加固方面，也有大量工程采用托换技术并取得成功的案例。如杭州天工艺苑增层改建过程中，采用静压锚杆桩对原五层结构的夯扩桩基础进行了托换。此外，为了进一步开发和利用城市核心区的地下空间，本书第四章介绍了高层建筑下方可控制后增结构柱竖向差异变形的托换技术。

　　现代城市建筑物的体量大，对沉降、变形等控制要求严格，地铁、市政综合管廊等各种地下工程在地下交叉的情况不断涌现，使得地下空间设计和施工更加复杂，单一的托换施工技术已经不能满足要求，这也促使托换技术向大型化、综合化和信息化方向发展。

二、建筑托换技术的分类

托换技术是指通过某种措施改变原结构的传力途径并对结构进行改造加固的技术。托换技术按部位可分为基础托换和上部结构托换；按性质可分为改造托换、移位托换以及灾损事故处理托换等。

基础托换是指在地基中设置构件，以改变原地基基础受力状态而采取的技术措施。基础托换的力学机理简单明了，将既有建筑物的部分或整体荷载经由托换结构传至基础持力层。但由于地基条件的复杂性、基础形式的不同、地基与基础相互作用以及托换原因和要求的差别等，复杂条件下的基础托换技术实际上是一项多学科技术高度综合、难度大、费用高的特殊工程技术。

常见的基础托换方法有：注浆托换、锚杆静压桩托换、灌注桩托换、树根桩托换、加大基础底面积托换以及改变基础形式托换等。桩基托换是地基基础托换中最常用的形式（如图2-16），桩基托换按托换时的变形可控性分为被动托换和主动托换。

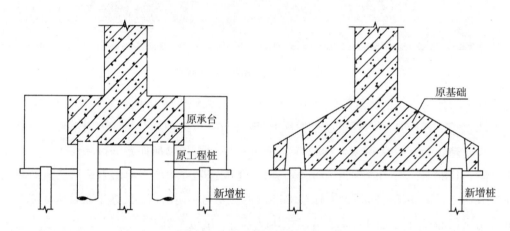

图2-16 常见基础托换形式

主动托换技术是指原工程桩在卸载之前，对新桩和托换体系施加荷载，以部分消除被托换体系的长期变形，将上部的荷载及变形运用顶升装置进行动态调控。当被托换建筑托换荷载大、变形控制要求严格时，需要通过主动变形调节来保证变形要求，即在需要被托换桩切除之前，对新桩和托换结构施加荷载，使被托换桩在预加荷载的作用下，随托换梁上升，从而使被托换的桩截断后，上部建筑物荷载全部转移到托换梁上。同时通过预加载，可以消除部分新桩和托换结构的变形，使托换后桩和结构的变形可以控制在较小的范围内。因此，主动托换的变形控制具有主动性。

被动托换技术是指原桩在卸载过程中，其上部结构荷载随托换结构的变形被动地转换到新桩上，托换后对上部结构的变形无法调控。被动托换技术一般用于托换荷载较小的托换工程，可靠性相对较低。当被托换建筑物托换荷载小、变形控制要求不高时，依靠结构自身的截面刚度，可以在托换结构完成后，再将托换桩切除，直接将上部荷载通过托换结构传递到新桩，而不采取其他调节变形的措施。托换后桩和结构的变形不能进行调节，上部建筑物的沉降由托换结构承受变形的能力控制。

为了对既有建筑物进行改造、加固、纠倾、增层、扩建、移位、保护等，一般比较直接的做法是让被托换的结构部分"退出工作"，并对"退出工作"的部分进行改造加固。现在的托换不一定先托后换，而是一个广泛的托换概念，如复合地基理论的应用就是在原来地基承载力不满足要求时，经过桩的"托换"作用，桩土共同承载以满足要求。

为满足建筑物上部结构增层、纠倾、移位以及改扩建的需要，上部结构的托换分为整体托换和构件托换两类。

上部结构整体托换情况较少，一般常用于外套增层，上海工艺美术馆通过薄腹大梁实现对上部结构的整体增层托换。此外，部分纠倾、移位和改造工程也需要进行上部结构整体性的临时托换，如秦山核电国光宾馆纠倾工程、杭州某高层剪力墙结构竖向构件整层置换工程以及京江桥东辅道桥移位工程，均在施工过程中对上部结构进行了临时性整体托换。

构件托换则常用于建筑物的改扩建中，较为常见的有抽柱式托换、抽柱增柱式托换、抽柱断梁式、抽墙式托换等，如图2-17所示。

抽柱法是在柱列中切除部分柱；抽柱增柱法是去掉较多内柱，重新增设少量新柱；抽柱断梁法是将多跨框架以及与之相连的梁、板切除，形成局部大空间；抽墙法则是砌体结构中拆除部分承重墙，增设托梁的方法。采用上述方法实施工程托换必须对相关的梁、柱、墙和基础进行加固，以满足建筑物竖向承重以及抗震性能的要求。竖向构件抽除后，可采用梁式或者桁架式进行托换加固（如图2-18）。

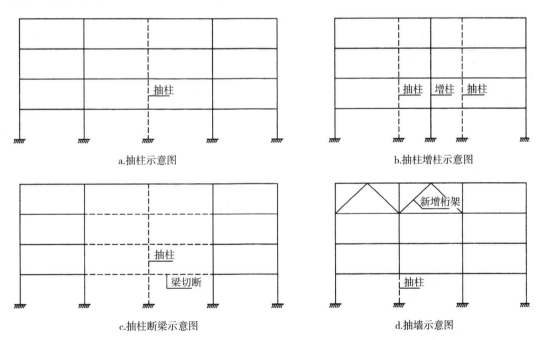

a.抽柱示意图　　　　　　　　　　　　b.抽柱增柱示意图

c.抽柱断梁示意图　　　　　　　　　　d.抽墙示意图

图2-17 上部结构常见托换形式

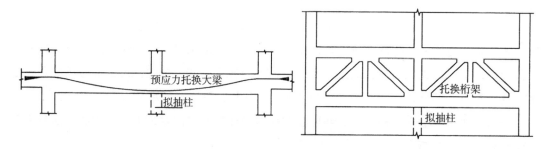

图 2-18 构件托换示意图

三、改造建筑后续使用年限的确定与相关设计参数取值

（一）改造建筑后续使用年限的确定

设计使用年限是指在设计规定的一个时期内，只需要进行正常的维护而不需进行大修就能按预期目的使用，完成预定的功能，即房屋建筑在正常设计、正常施工、正常使用和维护下所应达到的使用年限。在规定的设计使用年限内，结构应具有足够的可靠度，满足安全性、使用性和耐久性的要求。新建建筑设计使用年限一般不少于 50 年，然而对于需要改造或加固的既有建筑而言，其一般已使用多年，如按新建工程 50 年的设计基准期要求进行设计，由于抗力的衰减可能需要对现有结构进行大规模加固，这既不经济也不合理。由于既有结构存在不同程度的损伤和老化，故存在后续使用年限的问题。

改造建筑后续设计使用年限就是结构加固改造后的目标使用期，一般应由业主和设计单位共同商定。设计使用年限到期后，重新进行的可靠性鉴定认为该结构工作正常，仍可继续延长其使用年限。此规定是原则性规定，既有建筑结构形式多样、服役年限长短不一，改造加固工程的设计使用年限应结合实际情况合理确定。确定改造加固工程的设计使用年限应考虑以下三方面的情况：既有建筑交付使用后已服役的年限、结构安全性鉴定情况和业主的要求。

《建筑抗震鉴定标准》（GB 50023—2009）明确规定，现有建筑应根据实际需要和可能，按下列规定选择其后续使用年限：

①对于在 20 世纪 70 年代及以前建造的、经耐久性鉴定可继续使用的现有建筑，其后续使用年限不应少于 30 年；在 20 世纪 80 年代建造的现有建筑宜采用 40 年或更长使用年限，且不得少于 30 年。

②对于在 20 世纪 90 年代（按当时施行的抗震设计规范系列设计）建造的现有建筑，其后续使用年限不宜少于 40 年，条件许可时应采用 50 年。

③对于在 2001 年以后（按当时施行的抗震设计规范系列设计）建造的现有建筑，其后续使用年限宜采用 50 年。

对于上述第三条，根据《建筑抗震鉴定标准》（GB 50023—2009），后续使用年限 50 年的既有建筑（C 类建筑）应按现行国家标准《建筑抗震设计规范》（GB 50011—2010）的要求进行抗震鉴定。由于《建筑抗震鉴定标准》（GB 50023—2009）于 2009 年发布和实施时，当时施行的抗震设计规范为《建筑抗震设计规范》（GB 50011—2010），该规范发布于 2001 年，因此要求对 2001 年以后按 GB 50011—2001 规范系列设计和建造的既有建筑的后续使用年限采用 50 年是合适的。然而，新版《建筑抗震设计规范》（GB 50011—2010）于 2010 年发布并实施，该版抗震设计规范在设防标准和抗震措施及要求等方面较 2001 版有所提高，因此对于 2001 年以后按 GB 50011—2001 版规范系列设计和建造的既有建筑，若后续使用年限定为 50 年，并按现行《建筑抗震设计规范》（GB 50011—2010）的要求进行抗震鉴定，则在设防标准和抗震构造措施等方面将存在较多问题。

另外，从 2016 年 6 月 1 日起，国家第五代地震动区划图正式实施。新版区划图中在全国范围内消除了地震动峰值加速度小于 0.05g 的分区，基本地震动峰值加速度为 0.10g 及以上的区域面积由 49% 上升到 58%，0.20g 及以上的区域面积从 12% 上升到 18%，其中有 6.9% 的城市从 0.05g 提高到 0.10g 或 0.15g，有 4.6% 的城市从 0.10g 或 0.15g 提高到 0.20g，25% 的城市从 0.20g 提高至 0.30g。

因此，对于 2001 年后按 GB 50011—2001 规范系列设计和建造的既有建筑，如因使用功能等变更进行改造，并以 50 年后续使用年限为标准，要求改造后的建筑满足现行《建筑抗震设计规范》（GB 50011—2010）的要求，则该建筑从承载力、抗震构造措施等多方面需要进行抗震加固，加固改造费用很大，与同时期建造的其他建筑在抗震可靠度方面也不相同。

针对上述情况，作者建议：对于 2001—2010 年期间按 GB 50011—2001 版规范系列设计和建造的既有建筑，其抗震鉴定要求可适当放宽，后续使用年限可少于 50 年，但不应少于 40 年，并按当时施行的《建筑抗震设计规范》的要求进行抗震鉴定；对于 2010 年以后按 GB 50011—2010 版规范系列设计和建造的既有建筑，其后续使用年限则应采用 50 年。

结构设计使用年限受多方面因素的影响。通过加固措施提高结构构件的抗力只是一个方面，其设计使用年限的确定还应综合考虑结构的连接构造、维护要求，特别是加固改造后结构的耐久性等因素。新旧结构之间的可靠连接是保证结构整体工作和改造加固有效性的关键因素，然而由于改造加固工程的特点，现场施工过程对原结构的损伤以及所使用的胶黏剂和聚合物材料性能的自然老化，后续设计使用年限一般较难达到新建结构 50 年的要求。根据《混凝土结构加固设计规范》（GB 50367—2013），当使用的加固材料含有合成树脂（如常用的结构胶）或其他聚合物成分时，其设计使用年限宜按 30 年确定。若业主要求结构加固的设计使用年限为 50 年，其所使用的合成材料的黏结性能应通过耐长期应力作用能力的检验，检验方法应按现行国家标准《工程结构加固材料安全性鉴定技术规范》的规定执行。综合考虑国内当前既有建筑加固改造的手段、方法和所采用的材料，结合已有加固工程经验、造价和耐久性等因素，结构改造后的设计使用年限定为 30 年是比较适宜的。设计使用年限定为 30 年，并不意味着 30 年后其使用寿命的终结，当重新进行的可靠性鉴定认为该结构工作正常，仍可继续延长其使用年限。因此，既有建筑加固改造设计时，结构抗力验算所采用的荷载取值基准期可与设计使用年限不一致，但不得低于设计使用年限。如对于设计使用年限为 30 年的加固改造工程，结构抗风计算时可取 50 年一遇的基本风压，结构抗震鉴定时可采用后续使用年限 40 年或 50 年的要求进行鉴定。

对现有建筑进行功能改造时，若不增加层数，应按鉴定标准的要求进行抗震鉴定；若进行增层改造，一般而言，加层的要求应高于现有建筑鉴定或达到新建工程的要求。上海市《现有建筑抗震鉴定与加固规程》明确规定，未经抗震设计的现有建筑一般不宜进行加层，如需加层时，必须按现行规范进行抗震设计；加层建筑应进行整体抗震计算，其强度验算和构造措施应满足现行上海市《建筑抗震设计规程》的各项规定。为使加层工程达到安全、适用、可实施性强、经济合理的目标，增层后新老结构成为一个整体的建筑，增层设计应根据建筑物的现状、使用要求、建造年代、检测鉴定结果等因素，与建设单位共同商定加层后建筑物的设计使用年限，即增层设计使用年限。在设防烈度不变的前提下，增层改造后的新结构应满足相关规范的要求，使其在增层设计使用年限内，具有足够的可靠度，满足安全性、适用性和耐久性的要求。

对于增层建筑，应根据增层部分对原结构的影响程度、业主对后续使用年限的要求、原结构加固改造的可操作性等具体情况综合确定增层后建筑物整体的抗震设计要求。在后续使用年限确定的条件下，加层部分的强度验算和构造措施建议按现行规范执行。通过提高增层部分的抗震性能，一方面既可以减小地震作用下增层部分的震害，从而减小建筑物整体的震害，又不至于产生由于加层部分性能提高而使下部结构震害加重的现象；另一方面，可为建筑物的后续改造或延长使用年限创造条件。对于顶部增层少、加层部分对既有结构影响小，以及下部结构刚装修完毕或改造实施确有困难的建筑，原有结构可不按现行设计标准执行；对于增层较多、下部有条件进行改造的项目，如杭州天工艺苑增层，则必须按现有设计规范执行。

改造加固工程应首先确定后续设计使用年限，它是改造加固工程的设计基准期，为使结构与原设计具有相同的概率保证，对于各种可变荷载，如楼面活荷载、风荷载以及雪荷载，不同的设计使用年限可有不同的取值，另外，地震作用也随设计使用年限而改变。

（二）不同使用年限对应的地震作用计算

如何使不同使用年限建筑物的地震作用具有相同的概率保证？从后续的使用年限内与原设计具有相同的概率保证角度出发，根据不同使用年限建立相应的地震参数，通过估算不同服役期或后续设计使用年限的各抗震设防烈度，确定对应于各抗震设防烈度的设计参数。

根据三个概率水准的设防烈度之间的平均相互关系，提供估计不同服役期结构抗震设防烈度的方法。由此可以导算出不同设计使用年限，当超越概率为 10% 的重现期时，根据重现期可计算出不同设计使用年限所对应的抗震设防烈度（如表 2-2）。

表2-2 不同设计使用年限对应的抗震设防烈度

设计使用年限（年）	20	30	40	50	100
设防烈度	6.37	6.65	6.95	7	7.49
	6.86	7.22	7.42	7.58	8.06
	7.37	7.59	7.85	8	8.49
	7.86	8.22	8.42	8.58	9.06
	8.43	8.73	8.89	9	9.29

在确定后续设计使用年限的各抗震设防烈度基础上，计算出与之相对应的不同设计使用年限所对应地震影响系数的最大值（见表2-3）。

表2-3 不同设计使用年限对应的地震影响系数最大值

设计使用年限（年）			20	30	40	50	100
设防烈度	7	0.10g	0.055	0.066	0.078	0.080	0.119
		0.15g	0.074	0.091	0.107	0.120	0.151
	8	0.20g	0.110	0.127	0.148	0.160	0.238
		0.30g	0.149	0.182	0.214	0.240	0.317
	9	—		0.229	0.277	0.302	0.320	0.413

《建筑抗震鉴定标准》（GB 50023—2009）给出了较为简洁的地震影响调整系数（见表2-4）。

表2-4 不同设计使用年限对应的地震作用调整系数

设计使用年限（年）	30	40	50
调整系数	0.75	0.88	1.0

（三）不同设计使用年限对应的抗震构造措施

为确定不同设计使用年限对应的抗震构造措施，可以把建筑物的设计使用年限与它的设防烈度直接联系起来，进而根据所求得的地震烈度来确定该建筑的抗震构造措施。规范的抗震构造措施与设计使用年限中超越概率为0.1的地震烈度紧密相连，根据50年基准期与设计使用年限中超越概率为0.1的地震烈度的关系，求出各个烈度区不同设计使用年限对应的地震烈度与基本烈度的差值，取基本烈度对应的构造措施调整系数为1.0，而其他设计使用年限对应的设防烈度的构造措施调整系数用不同设计使用年限对应的地震烈度与基本烈度的差值的代数和求得。不同设计使用年限对应的构造措施调整系数详见表2-5。对于后续使用年限小于50年的改造建筑，低烈度区的调整幅度小于高烈度区（如图2-19）。

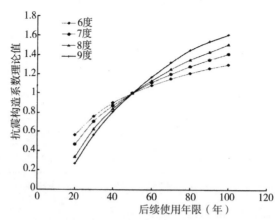

图 2-19 不同后续使用年限抗震构造措施调整系数图

表 2-5 不同设计使用年限对应的抗震构造措施调整系数

设计使用年限（年）		30	40	50
设防烈度	6	0.76	0.90	1.0
	7	0.71	0.87	1.0
	8	0.63	0.84	1.0
	9	0.57	0.81	1.0

不同设计使用年限改造加固工程的抗震构造措施可按表 2-6 所示满足相应烈度要求。也可根据设计使用年限的不同，分别满足不同时期的建筑抗震设计规范的要求（见表 2-7）。

表 2-6 不同设计使用年限对应的抗震设防烈度

设计使用年限（年）	20	30	40	50
设防烈度	6	6	7	7
	7	7	7	7
	7	7	8	8
	8	8	8	8
	8	8	9	9

表 2-7 不同设计使用年限对应的抗震措施

设计使用年限（年）	满足规范	备注
20	TJ 11—1978	薄弱部位重要构件满足 89 规范，少数构件满足 01 规范
30	GBJ 11—1989	少数构件满足 01 规范
40	GB 50011—2001	少数构件满足 10 规范
50	GB 50011—2010	—

对于不同后续使用年限的现有建筑，其抗震鉴定方法应符合下列要求：

①后续使用年限 30 年的建筑（简称 A 类建筑）应采用《建筑抗震鉴定标准》（GB

50023—2009）规定的 A 类建筑抗震鉴定方法。

②后续使用年限 40 年的建筑（简称 B 类建筑）应采用《建筑抗震鉴定标准》（GB 50023—2009）规定的 B 类建筑抗震鉴定方法。

③后续使用年限 50 年的建筑（简称 C 类建筑）应按现行国家标准《建筑抗震设计规范》（GB 50011—2010）的要求进行抗震鉴定。

（四）不同设计使用年限对应的楼面活荷载以及风压、雪压的合理取值

新建建筑中，重现期为 10 年、50 年以及 100 年的风压和雪压值可按《建筑结构荷载规范》（GB 50009—2012）采用，对应重现期（R）的相应值根据 10 年和 100 年的风压和雪压值按下式确定：

$$x_R = x_{10} + (x_{100} - x_{10})(\frac{\ln R}{\ln 10} - 1) \qquad (2-9)$$

式中，x_{10}、x_{100} 分别为重现期为 10 年、100 年的最大雪压和最大风速。

对于既有建筑改造工程，《民用建筑可靠性鉴定标准》（GB 50292—2014）规定，进行加固设计验算时其基本风压值、基本雪压值和楼面活荷载的标准值可在现行规范的基础上，按后续使用目标年限乘以表 2-8 所示的修正系数。

表 2-8 后续使用年限对应的楼面活荷载及风、雪荷载调整系数

后续使用年限（年）	10	20	30 ~ 50
雪荷载或风荷载	0.85	0.95	1.0
楼面活荷载	0.85	0.9	1.0

既有结构的后续使用年限不同于设计时采用的基准期，在假设可变荷载为平稳二项随机过程的前提下，可变荷载的统计参数会有所不同。民用建筑的楼面活荷载、风荷载和雪荷载经统计假设验证均服从极值工型分布，可根据其概率分布函数确定用于既有结构鉴定的修正系数。

同济大学杨艳根据既有结构已使用的特点，结合既有结构鉴定时所要求的后续使用年限内的最大荷载概率分布，推导出既有结构的楼面活荷载、风荷载、雪荷载在后续使用年限内对应于《建筑结构荷载规范》（GB 50009—2012）中的荷载取值修正系数，如表 2-9 所示。

表 2-9 不同后续使用年限楼面活荷载及风、雪荷载调整系数

后续使用年限（年）	办公楼楼面活荷载	住宅楼面活荷载	基本风压	基本雪压
10	0.85	0.84	0.76	0.72
20	0.92	0.91	0.86	0.84
30	0.95	0.94	0.92	0.91
40	0.98	0.98	0.96	0.96
50	1.00	1.00	1.00	1.00

同济大学顾祥林教授根据可接受的概率，由可变荷载在目标使用期内最大值概率分布的某个分位值确定可变荷载的标准值，将既有结构的目标使用期作为基本风压、雪压的重现期，得到与相关文献基本一致的结果。

作者建议，改造加固工程一般按后续使用年限30年进行设计，此时，可不考虑活荷载、雪荷载以及风荷载的折减。

第五节　地下逆作开挖增建地下空间关键技术

一、建筑增建地下空间的工程意义

随着我国城市化进程的不断发展，城市土地资源和空间发展的矛盾和问题日益突出，如何建设具有中国特色的资源节约型城市，已成为我国城市建设面临的重大课题。城市地下空间的开发和利用对提高土地利用率、缓解中心城市密度、疏导交通、扩充基础设施容量、增加城市绿地、保持历史文化景观、减少环境污染和改善城市生态起到不可忽视的作用。近30年来，国内城市地下空间的开发和利用得到快速发展，地下空间建造规模越来越大。城市地下空间的开发和利用已成为世界性发展趋势，并逐步成为衡量城市现代化的重要标志。

另外，从节约资源和有效保护城市环境出发，我们也应尽快改变当前大拆大建的城市建设模式。对市内的既有建筑，特别是城市中心地带的既有建筑进行增层或增建地下空间等方面的改造，可充分利用现有城市设施，节省城市配套设施费用，节省拆迁、建筑垃圾清运和征地成本，且施工周期短，对周边环境影响小。若能将抗震加固和改造技术结合起来，既可增加建筑的使用面积、提升建筑的使用功能，还可改善既有建筑的结构受力性能，增强房屋的抗震能力。因此，从节约资源、提升功能、保护环境等方面综合考虑，在保留既有建筑的前提下，用增层或增建地下空间的改造方式代替过去的大拆大建模式是城市建设发展的一个合理选择，对我国新型城市化进程具有重要意义。目前国内已有多个利用逆作技术在既有建筑下方进行开挖和增建地下空间的工程案例。

杭州市玉皇山南综合整治工程中甘水巷3号组团由前后排列的3幢2层（局部1层）坡屋顶建筑组成，建于2009年，结构体系采用现浇钢筋混凝土框架结构，基础为天然地基柱下独立基础，持力层为黏质粉土层，柱下独立基础和基础梁的底标高均为1.8m。为提升该组团建筑的整体使用功能，该项目于2014年进行了增建地下室工程，即在已建的3号组团建筑物下方增建一层地下室，新增建地下室的建筑面积约为1 700m²。该设计采用锚杆静压钢管桩作为逆作施工阶段上部既有建筑的临时竖向支承体系（基础托换系统）。在基础底板及地下室竖向承重构件（框架柱、周边外墙）施工前，上部结构及地下结构的全部荷重均由临时竖向支承体系承担。施工结束后，再将上述全部荷重托换转移至新增地下室的竖向承重构件上，并最终将地下室层高范围内的钢管桩和柱下独立基础割除，以保证新增地下室的有效使用功能。

锚杆静压钢管桩直径为250mm，内灌细石混凝土，以每根框架柱为一组，每组布置4根钢管桩，以原柱下独立基础为静压沉桩施工作业面。由于原建筑首层室内地面为实土夯实地坪，为满足建筑物下部土方开挖阶段上部结构的受力和稳定要求，先施工地下室顶板结构。每组静压钢管桩顶部均伸至地下室顶板结构，并与局部加厚顶板（混凝土承台）连为一体，形成整体受力的竖向支承体系（基础托换系统），如图2-20所示。

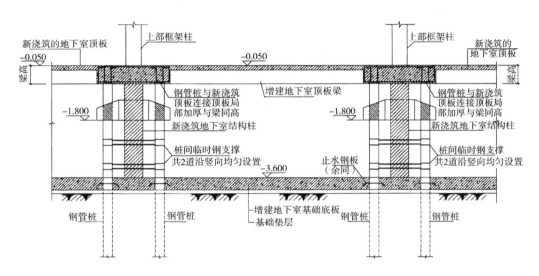

图2-20 杭州市玉皇山南甘水巷3号组团增建地下室剖面图

位于北京市中山公园内的音乐堂（原中山音乐堂）于20世纪50年代修建而成，原建筑面积为2 800m²，无地下室。它的主体结构采用框排架结构，由22根直径750mm的圆柱和2根750mm×750mm的方柱支承现浇钢筋混凝土梯形屋架和现浇屋面板，除2根方柱采用混凝土独立基础外，其余22根圆柱均采用毛石混凝土刚性独立基础。20世纪90年代后期扩建时，北京城建七建设工程有限公司应用了整体基础托换与地下加层技术，成功保留了原结构的独立柱及混凝土桁架屋盖，并向地下扩层，增建了6.3m深的筏形基础，地下室面积约为4 000m²。又将原结构改建成有两层看台的框架结构，改建后总建筑面积达11 200m²，满足了人们对新建筑的结构安全和各项使用功能要求。

增建地下室时，采用"两桩托一柱"的整体基础托换方案，即沿基础轴线方向每一基础两侧进行人工挖灌注桩，再在 ±0.000m 处设承台（转换大梁），承台相连并形成一整体（如图2-21），然后分块开挖地下室，形成地下加层。以该工程的地下加层为背景形成了《整体基础托换与地下加层施工工法》（YJGF09—2000）。

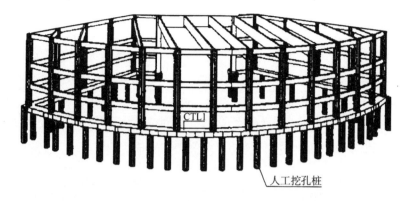

图 2-21 北京市中山音乐堂改扩建工程基础托换透视简图

中国工商银行扬州分行办公楼建成于 1997 年，主楼为 27 层，辅楼为 3 层（局部 4 层）。辅楼建筑面积为 5 360m²，无地下室，采用框架结构，单层层高为 3.6m，原基础为柱下锥形钢筋混凝土独立基础，埋深为 −2.2 ～ −3.5m。为解决停车难问题，于 2011 年对辅楼进行改造，采用静压锚杆桩托换技术，成功在辅楼下面增建了一层 3.6m 高的地下车库，实现了既有建筑物地下空间的二次开发。新增地下室的建筑面积为 1 800m²，增加停车位 80 个。

浙江饭店为高层建筑，地处杭州市商业中心，建于 1997 年，建筑平面呈 L 形，地上 13 层，地下 1 层。上部结构为钢筋混凝土框架—剪力墙体系。因酒店经营需要，拟考虑在原地下一层的正下方增建地下二层作为停车库，新增地下二层建筑面积为 2 525.6m²，层高为 5.27 ～ 6.77m，可新增停车位 121 个。该工程利用原工程桩（钻孔灌注桩）及后增锚杆静压钢管桩共同作为既有建筑的竖向支承体系（基础托换系统），采用暗挖逆作方式进行下部土方开挖，边挖边施工水平内支撑。待开挖至设计基底标高后，先施工基础承台和底板，再进行地下二层墙、柱等竖向承重构件的托换施工，最后凿除地下二层层高范围内的原工程桩和钢管桩，如图 2-22 所示。

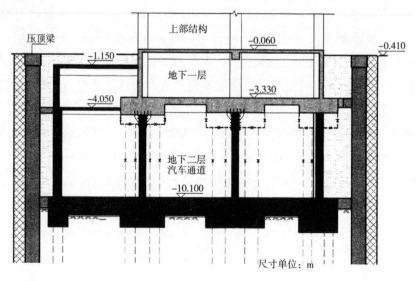

图 2-22 浙江饭店增建地下二层剖面图

二、工艺原理及需解决的关键技术问题

在既有建筑下方开挖和增建地下室可视为基坑工程逆作法技术应用的延伸。所谓逆作法技术，其基本原理是利用地下室基坑四周的围护墙和坑内的竖向立柱作为逆作阶段的竖向承重体系，利用地下室自身结构层的梁板作为基坑围护的内支撑，以 ±0.000 层（也可以是地下一层）为起始面，由上而下进行地下结构的逆作施工，同时由下而上进行上部主体结构的施工，组成上部、下部结构平行立体作业。

下面以杭州西湖凯悦大酒店 3 层地下室逆作工程为例，阐述逆作法技术的工艺原理和作业流程。该工程坐落于杭州西湖东岸，东贴东坡路，南为平海路，西临湖滨路，北靠学士路。该工程由宾馆区、商场和公寓区组成，地上 7 ~ 8 层，地下 3 层，地下室南北向长 110 ~ 170m，东西向宽 135m，土方开挖面积约为 175 001m²，开挖深度为 14.65m。地下室逆作开挖、上下部结构同步施工的作业流程包含以下 7 种典型工况：

工况一：施工周边围护墙（地下连续墙）和竖向支承结构（钢立柱）。为加快挖土速度，首先明挖至地下一层板底标高，周边放坡保留三角土，以控制地下连续墙的侧向变形。

工况二：施工 ±0.000 层楼板（地下室顶板）及地下连续墙压顶梁，安装出土架。

工况三：施工地下一层楼板（标高 −4.000m、−5.000m、−6.000m）的中心部位。当中心部位达到设计强度后，分段、对称开挖周边保留的三角土，边开挖边施工周边楼板；同时施工地面以上第 1 ~ 2 层。

工况四：开挖宾馆区土方至地下二层板底（标高 −8.000m），浇注宾馆区地下二层中心部位 −8.000m 标高楼板；待达到设计强度后，分段、对称开挖周边保留的三角土，边开挖边施工周边 −8.000m 标高楼板；同时施工地面以上第 3 ~ 4 层。

工况五：开挖宾馆区土方至 −14.650m 标高，开挖商场公寓区至 −12.650m 标高，周边放坡保留三角土；浇筑中心部位的底板混凝土；同时施工地面以上第 5 层。

工况六：中心部位底板混凝土达到设计强度后，周边设置临时钢斜撑，上端支承在地下连续墙上，下端支承在中心部位的底板上；同时施工地面以上第 6 层。

工况七：分段、对称开挖周边保留的三角土，边开挖边浇注周边 −12.500m、−10.500m 标高的底板混凝土；底板达到设计强度后，同时施工地面第 7 ~ 8 层。

由于在地下室逆作开挖期间，基础承台、底板尚未施工，地下室墙、柱等竖向承重构件尚未形成，地下各层和地上计划施工楼层的结构自重及施工荷载均需由竖向支承体系承担，因此，竖向支承体系设计是逆作法技术的关键环节之一。杭州西湖凯悦大酒店逆作施工期间，地面以上按施工 6 层考虑上部结构自重及施工荷载。在宾馆及公寓主楼部位按"一柱四桩"设计，即 1 根结构柱对应设置 4 根井形钢立柱；广场区域由于竖向荷载较小，按"一柱二桩"设计竖向支承体系。钢立柱顶部设置临时承台，利用承台将施工阶段的全部竖向荷载传给钢立柱，再由钢立柱传递给下部的 4 根工程桩。当底板封底、地下各层结构柱、墙施工完毕后，即可割除临时钢立柱，完成逆作施工阶段的荷载转换。

既有建筑增建地下空间工程技术的工艺原理与上述逆作法技术相似，其总体作业流程也是先施工周边围护结构和竖向支承体系（基础托换系统），再逆作开挖下部土方，边开挖边施工地下结构（兼作基坑水平支撑结构），开挖至基底标高时浇筑基础底板，最后施工地下室外墙及竖向承重构件（框架柱、剪力墙等）。当地下室竖向构件达到设计强度后，凿除新建地下室层高范围内的临时托换构件（如锚杆静压桩、原工程桩等），完成新建地下室的增建工作。

既有建筑增建地下空间技术充分借鉴了逆作法技术的工艺原理和作业流程，因此，可视为逆作法技术应用的延伸。两者的不同点是，常规逆作法技术是针对地下结构和地上结构同步施工，竖向支承体系承担的总荷重是随施工进程逐步增加的；而既有建筑增建地下空间技术是在上部结构已先期施工完成的前提下实施的，上部结构总荷重需要在下部土方逆作开挖前就全部托换转移至竖向支承体系（托换系统）上。

由于既有建筑增建地下空间技术是在上部建筑物已先期施工完成的前提下进行的，因而其实施难度与常规逆作法工程相比要大得多。对既有建筑地下逆作开挖增建地下空间来说，需要解决的关键技术问题主要有以下几个方面：

①竖向支承体系（托换系统）受力复杂，设计和施工难度比常规逆作法工程更大，是既有建筑地下逆作增层能否成功实施最核心、最关键的环节之一。前面提到，常规逆作法工程竖向支承体系承担的竖向荷重是随地下结构和地上结构施工层数的增加而逐步增加的，而既有建筑地下增层时，既有建筑物荷重一开始就要全部由竖向支承体系（托换系统）来承担。在逆作阶段常规逆作法工程的上部结构施工层数可根据竖向支承体系的承载力事先进行优化和控制，如西湖凯悦大酒店上部结构施工层数在基础底板完成前不宜超过6层，以确保竖向支承体系的受力安全，但既有建筑地下增层工程无法做到这一点。

另外，由于受施工空间条件的限制，大型施工设备无法进入既有建筑内部进行施工，因此，既有建筑地下增层工程大多采用锚杆静压桩等小型桩来进行托换，其承载力和稳定性相对较小，一般仅用于上部层数较少的既有建筑。当既有建筑层数较多或为高层建筑时，必须采用承载性能更高的竖向支承体系。

某些项目要求在地下逆作增层阶段上部建筑处于不停业状态，此时竖向支承体系不仅要在承载力方面能绝对保证上部结构的安全，还要严格控制立柱之间的差异变形（沉降），使上部结构不至于产生过大附加内力和附加变形而引起结构开裂或影响其正常使用功能。

②地下土方开挖难度比常规逆作法工程更大。常规逆作法工程在利用地下结构楼板作为基坑水平支撑结构时，往往结合建筑平面布置设置多个尺寸较大的预留洞口，作为地下逆作施工阶段土方运输、材料和机械设备进出的施工临时洞口。还有逆作法工程采用顺逆结合的设计方案，即裙楼区域逆作、主楼区域顺作，主楼顺作区域作为地下逆作施工阶段的临时施工出土口。而对于既有建筑地下增层工程来说，往往难以按需要留设临时施工洞口，一般情况下采用小型挖机配合人工挖土，有时甚至以人工开挖方式为主，因而下部土方逆作开挖难度更大。

③基础底板结构和竖向承重构件与临时托换构件和上部既有结构之间的连接构造十分复杂，如何确保新增地下室墙、柱等竖向承重构件顶部与既有建筑基础之间的连接和传力可靠，如何保证新浇筑混凝土承台、地梁或底板与托换系统的立柱桩（如锚杆静压桩或利用原工程桩）之间的抗剪连接和防水可靠，这些都是既有建筑增建地下空间需要解决的问题。

另外，新增地下室墙、柱等竖向承重构件施工前，上部结构及地下结构的所有荷重均由锚杆静压桩等竖向支承体系承担。施工结束后，需要将上述全部荷重托换转移至新增的竖向承重构件上，并最终将地下室层高范围内的临时托换桩切断凿除，以确保新增地下室的有效使用功能。上述荷载转移过程中，新浇筑的墙和柱在重力荷载作用下将产生一定的压缩变形量，墙、柱混凝土本身的收缩徐变效应也将进一步增大其压缩变形，而且这种压缩变形在柱与柱之间、柱与墙之间不可能是相等和同步的，这将引起在上部既有结构产生不同程度的附加内力和变形，对上部结构受力可能产生不利影响。如何控制或减轻上述不利影响的程度，也是设计时需要解决的关键问题之一。

三、竖向支承体系（基础托换系统）设计计算

（一）竖向支承体系的选型与布置

新增地下室框架柱、剪力墙等竖向承重构件施工前，既有建筑物的全部荷重及施工荷载均由竖向支承体系（既有建筑基础托换系统）承担。因此，竖向支承体系必须具有足够的刚度和承载力，确保上部既有建筑在竖向荷重及侧向荷载（如风荷载等）作用下的承载力和稳定性。既有建筑内部的施工空间有限，竖向支承体系大多只能采用锚杆静压桩等小型桩，如杭州甘水巷3号组团和中国工商银行扬州分行办公楼辅楼工程分别采用锚杆静压钢管桩和锚杆静压预制方桩作为既有建筑基础以下逆作开挖增层施工阶段的竖向支承体系。

锚杆静压桩应按"对称布置、受力均衡"的原则，以一根框架柱为一组，采用"一柱两桩""一柱四桩"等形式进行布置。每组锚杆桩的顶部应设置混凝土转换承台，上部结构柱的柱底反力（轴力、弯矩和剪力）通过转换承台传递给下部锚杆桩，使每组锚杆桩能整体受力、共同工作。混凝土承台可利用原柱下独立基础，当原基础尺寸偏小或承载力不足时，应事先进行加固，如中国工商银行扬州分行办公楼辅楼工程在锚杆桩施工前，对原柱下独立基础的平面尺寸和高度均进行了加大处理（如图2-23）。

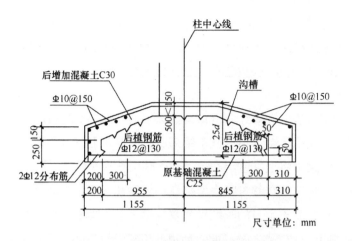

图 2-23 加固后的独立柱基和锚杆种植

　　当利用原柱下独立基础作为每组锚杆桩共同工作的转换承台时，不利于后期新增地下室内部结构柱的施工，新浇筑的柱顶部与原结构柱底端之间的连接处理相对比较困难。为方便后期新增地下室结构柱施工，杭州甘水巷 3 号组团采用在原独立柱基的上方另行浇筑混凝土转换承台的方式进行施工，如图 2-24 所示。

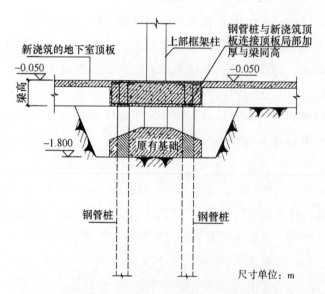

图 2-24 杭州甘水巷 3 号组团逆作开挖增建地下室的竖向支承体系

　　当既有建筑原基础为桩基础时，应尽可能利用原工程桩作为施工阶段的竖向支承体系，但原工程桩的承载力取值不能简单套用原设计时采用的单桩承载力特征值，应根据原工程桩的桩型、打桩记录、静载荷试验及完整性检测结果，结合水文地质条件对原桩基质量及承载能力等情况进行评估，并充分考虑后期土方开挖卸荷对既有工程桩承载性能的影响。考虑到地下增建结构的新增荷载及施工荷载作用，施工阶段原工程桩承担的荷载比施工前一般会有所增加，后期逆作开挖卸荷效应又会降低原工程桩的竖向抗压刚度和极限承载力，因此，通常情况下需在开挖前事先增补锚杆桩，与原工程桩一起共同作为施工阶段的上部既有结构的竖向支承体系。如浙江饭店采用原工程桩（$\phi 600 \sim 900mm$ 钻孔灌注桩）及后增锚杆静压钢管桩共同作为地下逆作增层的竖向支承体系。

由于锚杆静压钢管桩施工前，上部既有建筑物及其基础的全部荷重均已作用在原工程桩上，如何在后期开挖阶段确保新增锚杆桩与原工程桩之间能做到变形协调、协同工作，是设计时需要考虑和解决的另一个问题。浙江饭店地下逆作增层工程在设计时，为保证锚杆静压钢管桩与原钻孔灌注桩之间能协调作用，要求钢管桩静压到位后，通过设置临时反力架使钢管桩桩顶封孔前保留一定的预压力，并在原地下一层基础底板的上方浇筑厚500mm 的"反向柱帽"，使新增锚杆桩与原工程桩之间能整体受力，共同承担上部既有结构的竖向荷载。对于"反向柱帽"高出原板面部分，待地下二层墙、柱托换施工完成并达到设计强度后再予以凿除。

（二）高承台桩压曲稳定分析

无论是利用原工程桩还是利用新增锚杆静压桩对原基础进行托换，随着下部土方开挖，竖向支承桩的受力方式逐渐由原低承台桩转变为高承台桩。

根据《建筑桩基技术规范》（JGJ 94—2008）计算高承台桩的正截面受压承载力时，应考虑桩身压屈的影响。该规范采用桩身正截面受压承载力乘以稳定系数进行折减的方法来考虑桩身压屈的影响，其中稳定系数(φ)可根据桩的直径 $[d$，对矩形截面桩取其短边尺寸(b)]、桩身压屈计算长度(l_c)按表 2-10 确定，而 l_c 则需根据桩顶约束情况、桩身露出地面的自由长度、桩的入土深度、桩侧和桩底的土质条件等因素综合确定。

表 2-10 桩身稳定系数(φ)

l_c/d	≤ 7	8.5	10.5	12	14	15.5	17	19	21	22.5	24
l_c/b	≤ 8	10	12	14	16	18	20	22	24	26	28
φ	1.00	0.98	0.95	0.92	0.87	0.81	0.75	0.70	0.65	0.60	0.56
l_c/d	26	28	29.5	31	33	31.5	36.5	38	40	41.5	43
l_c/b	30	32	34	36	38	40	42	44	46	48	50
φ	0.52	0.48	0.41	0.10	0.36	0.32	0.29	0.26	0.23	0.21	0.19

对于非嵌岩桩（桩端支于非岩石土中），当 $h<4.0/\alpha$ 时，

桩顶按铰接考虑：$l_c =1.0 \times (l_0+h)$；

桩顶按刚接考虑：$l_c =0.7 \times (l_0+h)$。

当 $h \geqslant 4.0/\alpha$ 时，

桩顶按铰接考虑：$l_c =0.7 \times (l_0+4.0/\alpha)$；

桩顶按刚接考虑：$l_c=0.5\times(l_0+4.0/\alpha)$。

对于嵌岩桩（桩端嵌于岩石内），当 $h<4.0/\alpha$ 时，

桩顶按铰接考虑：$l_c=0.7\times(l_0+h)$；

桩顶按刚接考虑：$l_c=0.5\times(l_0+h)$。

当 $h\geqslant 4.0/\alpha$ 时，

桩顶按铰接考虑：$l_c=0.7\times(l_0+4.0/\alpha)$；

桩顶按刚接考虑：$l_c=0.5\times(l_0+4.0/\alpha)$。

式中，l_0 为高承台桩露出地面（开挖面）以上的长度；h 为桩的入土长度；α 为桩的水平变形系数，按 $\alpha=\sqrt[5]{\dfrac{mb_0}{EI}}$ 计算。其中，m 为开挖面以下土体水平抗力系数的比例系数，b_0 为桩的计算宽度，EI 为桩身抗弯刚度。

当开挖面较深，桩露出的长度较长，尤其是开挖面以下为深厚的淤泥质软弱土层时，桩身压屈影响的稳定承载力可能较小。设置桩间临时水平支撑可有效增加支承桩稳定性，提高压屈稳定承载力，如浙江饭店地下逆作开挖增建地下二层工程。随下部土方开挖，设计考虑设置上下两道临时水平钢支撑，以加强竖向支承桩（原工程桩与新增锚杆静压钢管桩）之间的整体受力性能，提高其稳定性及承载力。但表 2-10 中的桩身稳定系数未能考虑桩间水平支撑的影响。因此，当需要考虑水平临时支撑对高承台桩压屈稳定的有利作用时，无法采用《建筑桩基技术规范》（JGJ 94—2008）中的方法进行分析计算。

实际上，侧向约束是决定竖向支承桩稳定承载力的因素。逆作施工期间，竖向支承桩上部受已施工基础和临时水平支撑的侧向约束，下部受未开挖土体的侧向约束。由于不同土方开挖阶段、不同施工工况条件下支承桩的侧向约束是变化的，其稳定承载力也是不断变化的，因此，支承桩的计算长度确定和稳定承载力计算必须按照不同工况条件、不同侧向约束条件分别进行分析，并按最不利工况进行截面设计。另一种考虑支承桩桩身压屈影响的方法是数值计算，利用有限元进行特征值屈曲分析计算基桩的压屈长度。通过特征值屈曲分析，可以得到临界荷载（P_{cr}，等于桩顶施加的荷载与屈曲因子的乘积），相应的压屈计算长度为：

$$l_c=\pi\sqrt{\frac{EI}{P_{cr}}} \tag{2-10}$$

建立单桩分析有限元模型时，采用弹簧模拟土体抗力，土体弹簧刚度 k 按下式确定：

$$k=mb_0z \tag{2-11}$$

式中，m 为桩侧土水平抗力系数的比例系数，b_0 为桩身计算宽度，z 为节点距开挖面的垂直距离。

（三）土方开挖卸荷对支承桩竖向承载力的影响

对于土体开挖对竖向支承桩承载力的影响，一方面，反映在原基础底板下方土体开挖引起原工程桩侧摩阻力降低，即在计算桩侧总摩阻力时，应扣除开挖面以上土体的侧摩阻力；另一方面，超深开挖产生的卸载效应会显著减小桩身法向应力，导致桩侧摩阻力下降，从而使桩的极限承载力（抗压、抗拉）显著降低。

黄茂松、郦建俊等通过理论研究与离心模型试验、有限元模拟以及现场实测数据相结合的方法研究了软土地基中开挖条件下抗拉桩的极限承载力及其损失；胡琦、陈锦剑、杨敏等先后研究了大面积基坑深开挖对坑中桩受力性能的影响，认为开挖条件下桩体会产生回弹受拉，桩基承载力降低；龚晓南、伍程杰分别对既有建筑地下增层开挖引起的桩基侧摩阻力损失和桩端阻力损失进行了分析。

假设桩在竖向极限荷载作用下沿桩—土接触界面破坏，黏性土地基中桩侧摩阻力可按下式计算：

$$f_s = K\sigma_v \tan\delta \qquad (2-12)$$

式中，K 为桩侧土的侧压力系数，σ_v 为计算点的竖向有效应力，δ 为桩土破坏界面的摩擦角。根据桩及土层性质不同，δ 可取 $0.6\,\varphi' \sim 0.9\,\varphi'$，对软土地基可取 $\delta = 0.6\,\varphi'$，当桩侧采用后注浆工艺时可取 $\delta = 0.8\,\varphi'$。

假定既有建筑原基础以下土体已固结完成，土中超静隙水压力已充分消散，则开挖前桩侧土的侧压力系数可取静止土压力系数。对于正常固结土体的静止土压力系数，目前工程中应用最多的是杰基在 1944 年提出的经验公式，即

$$K_0 = 1 - \sin\varphi' \qquad (2-13)$$

式中，K_0 为静止土压力系数，φ' 为土的有效内摩擦角。

土体开挖后，开挖面以下土体处于超固结状态，超固结土的土压力系数 (K_0^{OC}) 受土体超固结比的影响，并呈非线性关系。此时桩侧土的侧压力系数可按下式计算：

$$K = K_0^{OC} = K_0 OCR^\alpha = (1 - \sin\varphi')OCR^\alpha \qquad (2-14)$$

式中，OCR 为土的超固结比，等于计算点位置开挖前与开挖后的竖向有效应力之比；α 为土体开挖卸荷过程中土体的卸载系数。根据梅恩和库尔哈伊对已有试验数据的回归分析，α 的取值可按下式计算：

$$\alpha = \sin\varphi' \qquad (2-15)$$

已有研究成果表明，当土体竖向卸荷程度较大，超固结比大于某一临界值时，土体将会产生被动破坏。因此，超固结土的土压力系数有上限值，一般不超过土的被动土压力系数 (K_p)，即

$$K_0^{OC} \leqslant K_p = (1 + \sin\varphi') / (1 - \sin\varphi') \qquad (2-16)$$

将式（2-13）代入式（2-12），可得到开挖前的桩侧摩阻力 (f_{s0})，即

$$f_{s0}=(1-\sin\varphi')\sigma_{v0}\tan\delta \tag{2-17}$$

将式（2-14）和式（2-15）代入式（2-13），可得到开挖后的桩侧摩阻力（f_{s1}），即

$$f_{s1}=(1-\sin\varphi')OCR^{\sin\varphi'}\sigma_{v1}\tan\delta \tag{2-18}$$

式中，σ_{v0} 和 σ_{v1} 分别为计算点在开挖前和开挖后的竖向有效应力。

开挖前土体已固结，计算点深度 z 处的竖向有效应力为：

$$\sigma_{v0}=\bar{\gamma}'z+q \tag{2-19}$$

式中，z 为计算点的深度，$\bar{\gamma}'$ 为原基础底面至计算点深度范围内土层的平均有效重度，q 为原基础底面处的土体荷载。

开挖后计算点深度 z 处的竖向有效应力为：

$$\sigma_{v1}=\bar{\gamma}'(z-h) \tag{2-20}$$

式中，h 为原基础底面以下土方开挖深度。

显然，式（2-20）理论上适用于开挖尺寸无限大的基坑，故仅用于粗略计算。对于有限开挖尺寸的基坑，开挖面以下各点的应力状态是不一样的，接近基坑中心位置因开挖卸荷引起的竖向有效应力减小幅度最大，靠近坑边位置减小幅度最小。为计算开挖卸荷引起不同部位土体竖向有效应力的变化，可将基坑开挖卸荷视为在开挖面施加向上的均布荷载，大小为 $\bar{\gamma}'h$，利用经典明德林（Mindlin）应力解，通过积分可得到考虑开挖卸荷引起的坑底以下土体各计算点的附加应力及竖向有效应力，再利用式（2-17）计算不同位置、不同深度桩土界面的侧摩阻力，最后可计算得到考虑基坑开挖卸荷影响的支承桩竖向极限承载力。

四、新增基础底板及地下室墙、柱设计

由于地下逆作增层施工空间小，施工难度大，周期长，设计方案应尽可能为地下结构逆作施工创造条件。新增地下室底板宜采用平板式筏形基础或防水底板结合柱下独立基础（或独立承台）的布置形式，避免设置基础梁，这样可以在开挖至基底标高后，不用进行开槽砌筑砖胎模和施工基础梁，可加快基础底板浇筑和封闭时间，减小周围围护结构变形。当基底以下为深厚软弱土层时，宜在地下室底板下面设置加厚混凝土配筋垫层，并将加垫层延伸铺设至基坑边缘，从而对周边围护结构起到支撑作用。

基础底板（或承台）与支承桩（锚杆静压桩或原工程桩）之间的抗剪连接及防水构造也是设计的重点。当支承桩为混凝土灌注桩时，可在灌注桩表面抛圆后通过螺栓将钢桩套与灌注桩连接，并在桩和桩套间进行压力灌浆。钢桩套外侧宜加焊抗剪键，以满足新浇筑的混凝土承台与灌注桩之间的传力要求。考虑到新老交界面的防水要求，应增设钢板止水片。底板（或承台）上下钢筋遇到支承桩不能通过时，可绕过支承桩或与设在钢桩套外侧的上下法兰钢板进行焊接连接。

竖向支承体系设计时，锚杆桩的平面位置及桩顶转换承台的布置宜为后面地下室墙、柱施工留出必要空间。将锚杆桩对称布置在结构柱的四周，桩顶混凝土转换承台布置在原独

立柱基的上方。随着下部土方开挖，原基础处于临空状态，上部结构荷载通过新浇筑的转换承台被托换转移至锚杆桩上，此时原基础可先行凿除，以便于后期新增地下室结构柱的施工，并使新增结构柱上端与其上方的既有结构柱柱脚之间的连接可靠性更容易得到保证。

对于"一柱一桩"式的竖向支承体系，宜将桩直接作为新增地下室的结构柱使用。如浙江饭店地下增层工程，将原工程桩钢筋外侧的保护层凿除并凿毛，再在其外侧外包混凝土，形成地下二层的永久结构柱。外包混凝土内的纵向钢筋下端锚入新浇筑的混凝土承台内，上端通过植筋技术锚入原混凝土承台或基础梁内。由于地下增层施工前后，上部结构柱传来的荷载始终由该工程桩支撑，因此，这种托换方式受力直接，不存在荷载二次转换的问题，因而对上部既有结构受力有利。

对于"一柱多桩"的情况，由于支承桩均不在结构柱的轴线位置，待新增柱施工完成并达到设计强度后，需要将施工阶段由支承桩承担的全部荷载二次转移至新增柱上。在上述荷载转移过程中，新增柱在重力荷载作用下将产生一定的压缩变形，柱混凝土本身的收缩徐变效应也将进一步增大其变形量，而且这种压缩变形在柱与柱之间、柱与剪力墙（核心筒）之间不可能是相等和同步的，这将引起在既有上部结构构件中产生不同程度的附加内力和变形，对上部结构受力可能产生不利影响。为解决这一问题，浙江饭店地下增层工程中，将新增地下二层的结构柱设计成型钢混凝土柱，先安装柱内型钢柱，并在型钢柱底部设置顶紧装置，使型钢柱先受力，再浇筑柱的混凝土部分。

对于新增地下室的剪力墙（核心筒），可采用"分段浇筑、分批拆除、再分段补浇"的方式进行托换施工。如浙江饭店地下增层工程，新增的地下二层核心筒墙肢共分四批进行分段施工，原核心筒筏板下方的 24 根工程桩（施工阶段作为竖向支承桩）分 3 批依次进行凿除。每凿除一批支承桩，需要对新增结构和既有结构进行一次详细的应力和变形分析，确保在最不利施工工况下将新增墙肢和上部结构墙肢的应力、变形控制在允许范围内。

五、基坑支护和土方开挖施工

周边围护结构形式应根据基坑开挖深度、水文地质条件、周边环境情况及对支护变形的控制要求等因素综合考虑后确定。当开挖深度较浅、土质条件较好、周边环境情况简单时，可采取放坡开挖或采用重力式挡墙、土钉墙、复合土钉墙等支护形式，如杭州甘水巷3 号组团工程采用高压旋喷桩重力式挡墙作为周边围护结构，挡墙采用格构式布置，宽度为 1.5 ~ 2.58m，高压旋喷桩直径为 600mm，桩间搭接长度为 150mm。当开挖深度较深或周边环境条件复杂、需严格控制基坑变形时，可采用围护墙（钻孔灌注桩排桩墙、地下连续墙等）结合内支撑的支护形式，如浙江饭店地下逆作增层工程设计采用钻孔灌注桩排桩墙和高压旋喷桩止水帷幕作为周边围护结构，同时布置三道钢筋混凝土水平内支撑。其中，第一道和第二道水平内支撑分别利用原一层地下室的顶板和底板，即在原地下室顶板和底板的周边布置钢筋混凝土水平支撑，与顶板和底板共同形成平面内刚度很大的第一道和第二道支撑结构。第三道内支撑设置在 8.500m 标高位置。

　　对于既有建筑地下增层而言，不能像常规逆作法基坑一样在地下水平结构板内预先留设出土口、材料和设备进出口等临时施工洞口，下部土方开挖难度更大，挖土周期长，一般情况下需采用以人工开挖为主、小型挖机配合为辅的挖土方式进行。条件许可时，可在既有建筑四周边界线的适当部位局部外扩一跨进行支护和开挖，作为地下土方逆作开挖的出土口和小型机械设备进出口。

　　土方开挖过程中，应严格控制既有建筑沉降和周边围护结构变形，充分利用基坑开挖的"时空效应"，遵循"分层、分块、对称、均衡"和"大基坑小开挖"的原则，宜采用"盆式开挖"方式，即先开挖基坑中间部位土方，后开挖周边土方，从而尽可能缩短周边围护结构的暴露时间。

　　当开挖深度接近底板标高时，应立即进行地下室基础底板混凝土施工，以减少暴露时间。当基底为深厚软弱土时，宜事先对坑底土体进行加固，避免因坑底土体隆起变形过大而造成对既有建筑竖向支承体系的危害。施工中，应进行全过程基坑变形监测，包括对周边围护体沿深度的侧向变形、竖向支承桩隆沉、坑内外地下水位变化等情况的监测，以及对周围建筑物、道路及地下管线设施的监测。

第三章　混凝土结构加固方法原理分析

第一节　增大截面加固法

增大截面加固法又被称为外包混凝土加固法，主要通过混凝土来增大原有混凝土结构的截面面积，并新增一定数量的钢筋来提高结构的承载力和刚度，使原有结构满足正常使用。增大截面加固法是一种有效、实用的传统加固方法。该加固方法主要有三种，即以增大截面为主的加固；以增加配筋为主的加固；增大截面和增加配筋两者兼备的加固。增大截面和增加配筋两种类型相辅相成，当采用以增大截面为主的加固时，为了保证新混凝土能够正常工作，也需要配置构造钢筋；当采用以增加配钢筋为主的加固时，为了保证配筋的正常工作，也需要按照构造要求适当增大截面尺寸。

一、增大截面加固法的特点及适用范围

（一）增大截面加固法的特点

增大截面加固法一般用于受弯和受压构件的加固，也可用于修复受损的混凝土，以增加其耐久性。该加固方法具有以下显著特点：

①工艺简单。该加固方法的工艺与浇筑钢筋混凝土结构工艺相同，施工工艺简便。

②受力可靠。通过一定的构造措施，可以保证原构件与新增部分的结合面能可靠传力、协同工作。

③适用面广。该方法广泛用于一般的梁、板、柱等混凝土结构的加固。

④加固布置方式灵活。根据构件的受力特点采用不同的加固方式。例如，对于混凝土梁，可在梁的底面进行加固；轴心受压混凝土柱常用四面外包加固；偏心受压混凝土柱常用单侧或者双侧加固。

⑤加固费用低廉，加固过程中不需要复杂的施工机具。

增大截面加固法也有缺点，如湿作业工作量大、养护期长、占用建筑空间较多，构件尺寸的增大可能影响使用功能，会改变原有构件的自振频率等，使得其应用受到一定的限制。

（二）增大截面加固法的适用范围

采用增大截面加固法对混凝土构件进行加固时，应采取措施卸除或大部分卸除作用在结构上的活荷载。增加截面加固法的适用范围如下：

①增大截面加固法适用于一般钢筋混凝土受弯和受压构件的加固。当需要提高梁、板、柱的承载力和刚度时，采用增大截面加固法较为有效。

②原构件混凝土强度等级不低于C13（旧标号为C15）。当旧混凝土强度过低时，新旧混凝土界面的黏结强度很难得到保证。若采用植筋来改善结合面的黏结抗剪和抗拉能力，也会因基材强度过低而无法提供足够的锚固力。

③当混凝土密实性差，甚至还有蜂窝、孔洞等缺陷时，不应直接采用增大截面法进行加固；应先置换有局部缺陷或密实性差的混凝土，然后再进行加固。

④截面增大对结构外观以及房屋净空等都会有一定的影响。因此，增大截面加固法通常应用于对结构空间要求不太高的建筑结构加固。

二、受弯构件正截面加固设计

（一）概述

对于承载力和刚度不足的混凝土受弯构件，采用增大截面法对其进行加固是工程加固的一种常用方法。这种方法是通过增大原结构截面面积和受力钢筋面积来达到提高受弯构件承载力和刚度的目的。

增大截面法加固受弯构件的正截面承载力计算和应用是本节的重点。作为预备知识，先介绍加固方式和构造要求，然后对正截面破坏形态和受力性能进行阐述，最后讨论受弯构件正截面承载力计算方法。

（二）加固方式

增大截面加固法主要有三种加固方法，即在截面受压区加固受弯构件；在截面受拉区加固受弯构件；在截面受压区和受拉区加固受弯构件。加固方法如图3-1所示。

①在截面受压区加固受弯构件，如图3-1a所示。加固构件承载力、抗裂度、钢筋应力、裂缝宽度及挠度的计算和验算，按照叠合式受弯构件的规定进行。为减少新增混凝土面层由温度、收缩应力引起的裂缝，需按构造要求配置受压钢筋和分布钢筋。需要注意的是，该方法主要用于楼板的加固，对梁而言，仅在楼层或屋面允许梁顶面突出时才能使用。因此，该方法一般只用于屋面梁、边梁和独立梁的加固，上部砌有墙体的梁虽然也可采用这种方法，但应考虑拆墙是否方便。

②在截面受拉区加固受弯构件，如图3-1b所示。这是一种常用的增大截面加固方法，主要针对受弯构件承载力不足的情况。由于受到二次受力的影响，其正截面受力性能与叠合式受弯构件和混凝土受弯构件正截面受力性能有所不同。

③在截面受压区和受拉区加固受弯构件，如图3-1c所示。这种加固方法主要针对受

弯构件的正负受弯承载力均不满足要求的情况。

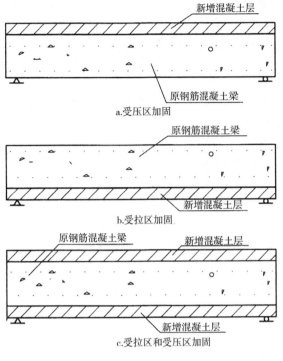

图 3-1 加固方式

（三）构造要求

①采用增大截面加固法时，原构件混凝土表面应经处理，设计应对所采用的界面处理方法和处理质量提出要求。一般情况下，除混凝土表面应予凿毛外，尚应采取涂刷结构界面胶、种植剪切销钉或增设剪力键等措施，以保证新旧混凝土共同工作。

②新增混凝土的最小厚度要求如下：对于板，最小厚度不应小于 40mm。对于梁，若采用普通混凝土、自密实混凝土或灌浆料施工时，最小厚度不应小于 60mm；若采用喷射混凝土施工时，最小厚度不应小于 50mm。

③加固用的受力钢筋应采用热轧钢筋。板的受力钢筋直径不应小于 8mm，梁的受力钢筋直径不应小于 12mm，分布钢筋直径不应小于 6mm。

④新增受力钢筋与原受力钢筋间的净距不应小于 25mm，并采用短筋或箍筋与原钢筋焊接。当两者比较靠近时，采用焊接连接方式，如图 3-2a 所示，短筋直径不应小于 25mm，长度不应小于其直径的 5 倍，各短筋的中距不应大于 500mm；当两者距离较远时，采用箍筋与原受力钢筋进行焊接的连接方式。新增纵向受力钢筋的两端应可靠锚固。

⑤当对截面受拉区一侧进行加固时，应设置 U 形箍筋，将 U 形箍筋焊在原有箍筋上，单面焊的焊缝长度应为箍筋直径的 10 倍，双面焊的焊缝长度应为箍筋直径的 5 倍，如图 3-2b 所示。当受构造条件限制而需采用植筋方式埋设 U 形箍时（如图 3-2c 所示），应采用锚固型结构胶种植，不得采用未改性的环氧类胶黏剂和饱和聚酯类胶黏剂种植，也不得

采用无机锚固剂（包括水泥基灌浆料）种植。这是由于自行配制的纯环氧树脂砂浆或其他纯水泥砂浆未经改性，很快便开始变脆，而且耐久性差，故不应在承重结构中使用，应采用锚固专用的结构胶种植。

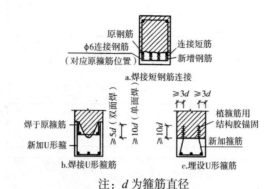

注：d 为箍筋直径

图 3-2 增大截面加固梁配置新增钢筋的连接构造

（四）正截面破坏形态

根据新增钢筋配筋率的不同，受拉区加固构件正截面破坏形态可分为三种：超筋破坏、准超筋破坏和适筋破坏。

①当原钢筋应力达到屈服（或未达到屈服）时，因新增钢筋应力滞后，钢筋应力很低，受压区混凝土先破坏，这种破坏形态相当于混凝土受弯构件的超筋破坏。

②当原钢筋应力达到屈服以后，应力保持不变，应变进入塑性流变状态，新增钢筋因应力滞后还处于弹性变形阶段，应力随着荷载的增加而继续增加，新增钢筋应力达到较高状态（但还未达到屈服），受压区混凝土破坏，这种破坏称为准超筋破坏。

③如果截面上原钢筋应变保持流变状态，随着荷载的增加，新增钢筋应力虽滞后但也达到了屈服，此时整个截面上的受拉原钢筋和新增钢筋的应变都进入了塑性流动状态，截面开始塑性转动，中和轴急剧上升，受压区边缘混凝土达到极限应变而破坏，这种破坏形态与混凝土结构的适筋破坏相似，称为适筋破坏。在新增钢筋达到屈服的同时，截面受压区混凝土被压碎破坏，这种临界状态为适筋与准超筋破坏的临界破坏状态。

对于超筋破坏和准超筋破坏，受压区混凝土受压破坏时，新增受力钢筋均未屈服，说明这在两种破坏形态下加固梁的新增受力钢筋配置多，这是加固设计不期望的截面配筋。因此，根据新增受拉钢筋是否达到屈服，也可将加固构件的正截面破坏形态分为超筋破坏和适筋破坏两大类，如图 3-3 所示。

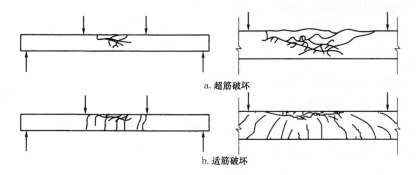

a. 超筋破坏

b. 适筋破坏

图 3-3 加固梁的正截面破坏形态

（五）正截面受力性能

对受拉区适筋加固梁进行三等分加载试验，试验梁如图 3-4 所示。由零开始逐级施加荷载，直至加固梁正截面受弯破坏。

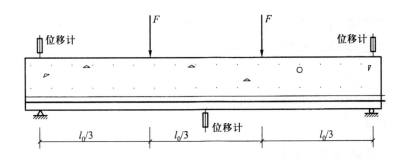

图 3-4 试验梁

适筋加固梁的典型弯矩（M^0）– 截面曲率（φ^0）关系曲线如图 3-5 所示。适筋加固梁正截面受弯的全过程可划分为四个阶段。

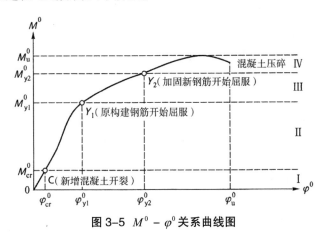

图 3-5 $M^0 - \varphi^0$ 关系曲线图

1. 第Ⅰ阶段：新增混凝土开裂前的阶段

刚开始加载时，由于弯矩较小，新增混凝土层底部各个点的应变较小，且沿梁截面高度近似直线变化。

2. 第Ⅱ阶段：新增混凝土开裂后至原钢筋屈服阶段

在新增混凝土层产生裂缝后，原先由它承受的那一部分拉力转给了新增钢筋，使得新增钢筋的应力突然增大，故裂缝出现时，梁的挠度和截面曲率突然增大。随着弯矩的不断加大，原梁产生的裂缝也在逐渐变宽。由于结构自重和部分不能卸除的荷载，原受拉钢筋已存在一定的应力，而新增钢筋只有在后加的荷载作用下才产生应力，因此，继续增加荷载时原梁受拉钢筋应力继续增长，新增钢筋由于力臂较大，应力增长速度较快，受压区不断缩小，混凝土的应力、应变也越来越大。当弯矩达到一定值时，原受拉钢筋由于应力超前而首先进入屈服。

3. 第Ⅲ阶段：原钢筋屈服至新增钢筋屈服阶段

当原钢筋进入屈服状态后，随着弯矩的增大，受拉区应力增量全部由新增钢筋承受。新增钢筋的应力增加，裂缝沿梁高延伸，中和轴继续上移，受压区高度减小，受压区混凝土边缘纤维应变迅速增长，塑性特征明显。当荷载增加到一定值时，新增钢筋屈服。

4. 第Ⅳ阶段：新增钢筋屈服至截面破坏阶段

当新增钢筋屈服后，中和轴进一步上移，受压区的应力会持续增长，直到受压区混凝土被压碎甚至剥落，裂缝宽度较大，加固构件完全破坏。

（六）正截面承载力计算方法

1. 基本假定

试验表明，在正截面受弯破坏时，若原受拉钢筋的极限拉应变达到 0.01，则新增受拉钢筋屈服，不卸载和完全卸载的情况均可近似地按一次受力计算。然而，由于新增受拉钢筋在连接构造上和受力状态上会受到各种因素的影响，从保证安全的角度出发，对新增受拉钢筋的强度进行折减，统一取 0.9。若对构件新旧混凝土结合面采取适当措施，使加固后二者共同工作，结合面无滑移错动，则加大截面后的截面应变仍保持为平面。因此，对受拉区进行增大截面法加固，其正截面承载力按现行国家标准《混凝土结构设计规范》（GB 50010—2010，2015 年版）的基本假定进行计算。

2. 界限受压区高度

为了合理、经济和安全地设计增大截面加固梁，需要防止加固梁发生准超筋破坏和超筋破坏。当加固梁处于适筋破坏和准超筋破坏的界限时，原受拉钢筋已经屈服，新增钢筋屈服时，受压区混凝土达到极限压应变。截面平均应变如图 3-6 所示。

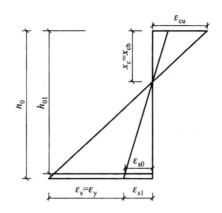

图 3-6 界限加固梁破坏时的正截面平均应变图

设界限中和轴高度为 x_{cb}，新增钢筋开始屈服的应变为 ε_y，根据几何关系得

$$\frac{x_{cb}}{h_0} = \frac{\varepsilon_{cu}}{\varepsilon_{cu} + \varepsilon_y + \varepsilon_{s1}} \qquad (3-1)$$

将 $x_b = \beta_1 x_{cb}$ 代入式（3-1），得

$$\frac{x_b}{\beta_1 h_0} = \frac{\varepsilon_{cu}}{\varepsilon_{cu} + \varepsilon_y + \varepsilon_{s1}} \qquad (3-2)$$

界限相对受压区高度为 $\xi_b = \dfrac{x_b}{h_0}$，设新增钢筋开始屈服时的应变为 ε_y，则由式 $\varepsilon_y = \dfrac{\alpha_s f_y}{E_s}$

代入式（3-2），得

$$\xi_b = \frac{\beta_1}{1 + \dfrac{\alpha_s f_y}{\varepsilon_{cu} E_s} + \dfrac{\varepsilon_{s1}}{\varepsilon_{cu}}} \qquad (3-3)$$

新增钢筋位置处的初始应变值：

$$\varepsilon_{s1} = (1.6\frac{h_0}{h_{01}} - 0.6)\varepsilon_{s0} \qquad (3-4)$$

加固前原受拉钢筋的拉应变值：

$$\varepsilon_{s0} = \frac{M_{0k}}{0.87 h_{01} A_{s0} E_{s0}} \qquad (3-5)$$

式中，E_s、E_{s0}——新增钢筋和原钢筋的弹性模量（N/ mm²）。

α_s——新增钢筋的强度利用系数，取 $\alpha_s = 0.9$。

β_1——计算系数，当混凝土强度等级不超过 C50 时，β_1 为 0.8；当混凝土强度等级为 C80 时，β_1 为 0.74；当混凝土强度等级为 C50 ~ C80 时，β_1 按线性内插法确定。

ε_{cu}——混凝土极限压应变，取 $\varepsilon_{cu} = 0.0033$。

ε_{s1}——新增钢筋位置处，按平截面假设确定的初始应变值，当新增主筋与原主筋的连接采用短筋焊接时，可近似取 $h_{01}=h_0$，$\varepsilon_{s1}=\varepsilon_{s0}$。

M_{0k}——加固前受弯构件验算截面上原作用的弯矩标准值（kN·m）。

ε_{s0}——加固前，在初始弯矩作用下原受拉钢筋的应变值。

A_{s0}——原受拉钢筋的截面面积（mm²）。

h_{01}、h_0——构件加固后和加固前的截面有效高度（mm）。

3. 基本计算公式

矩形截面受弯加固构件的正截面承载力计算简图如图 3-7 所示。

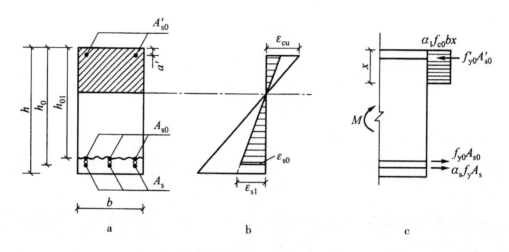

图 3-7 受弯加固构件正截面计算简图

由计算简图可得到加固构件的正截面承载力计算公式如下：

$$\alpha_1 f_{c0}bx = f_{y0}A_{s0} + \alpha_s f_y A_s - f'_{y0} A'_{s0} \tag{3-6}$$

$$M \leqslant \alpha_s f_y A_s \left(h_0 - \frac{x}{2}\right) + f_{y0}A_{s0}\left(h_{01} - \frac{x}{2}\right) + f'_{y0} A'_{s0}\left(\frac{x}{2} - a'\right) \tag{3-7}$$

式中，M——构件加固后弯矩设计值（kN·m）。

f_y——新增钢筋的抗拉强度设计值（N/mm²）。

A_s——新增受拉钢筋的截面面积（mm²）。

x——混凝土受压区高度（mm）。

A'_{s0}——原受压钢筋的截面面积（mm²）。

a'——纵向受压钢筋合力点至混凝土受压区边缘的距离（mm）。

α_1——受压区混凝土矩形应力值与混凝土轴心抗压强度设计值的比值，当混凝土强度等级不超过 C50 时，取 $\alpha_1 =1.0$；当混凝土强度等级为 C80 时，取 $\alpha_1 =0.94$；其间按线性内插法确定。

f_{c0}——原构件混凝土轴心抗压强度设计值（N/mm²）。

f_{y0}、f'_{y0}——原钢筋的抗拉、抗压强度设计值（N/mm^2）。

b、h——矩形截面宽度和高度（mm）。

4. 适用条件

为了防止超筋破坏，保证构件破坏时纵向受力钢筋首先屈服，应满足下式：

$$x \leqslant \xi_b h_0 \tag{3-8}$$

为保证构件破坏时受压钢筋能达到屈服，应满足下式：

$$x \geqslant 2a' \tag{3-9}$$

受弯构件正截面承载力加固设计包括截面设计和截面复核两类问题。

（1）截面设计

一般加固后承载力已知，求新增钢筋截面面积，可按如下两个主要步骤进行。

步骤一：对原梁进行正截面承载力复核；

步骤二：加固设计可按下面步骤进行。

①根据环境类别及混凝土强度等级，确定混凝土保护层厚度，得到 h_0；

②令 $M = M_u$ 根据式（3-6）和式（3-7），求截面受压区高度；

③根据式（3-3）求界限受压区高度，并判断是否属于适筋；

④根据式（3-6）求新增钢筋截面面积。

当计算得到的加固后混凝土受压区高度与加固前原截面有效高度之比大于原截面相对界限受压区高度时，应考虑原纵向受拉钢筋应力尚达不到屈服的情况。此时，应将上述两式中的 f_{y0} 改为 σ_{s0}，并重新进行验算。验算时，σ_{s0} 值按下式确定：

$$\sigma_{s0} = \left(\frac{0.8h_{01}}{x} - 1\right)\varepsilon_{cu}E_s \leqslant f_{y0} \tag{3-10}$$

若 $\sigma_{s0} < f_{y0}$，则应按验算结果确定加固钢筋用量；若 $\sigma_{s0} \geqslant f_{y0}$，则表示原计算结果无须变动。

（2）截面复核

一般已知新增钢筋类型和截面面积，求加固梁弯矩，可按如下两个步骤进行。

步骤一：对原梁正截面承载力复核；

步骤二：加固梁正截面承载力计算可按下面步骤进行。

①根据式（3-6）求截面受压区高度；

②根据式（3-3）求界限受压区高度，并判断是否属于适筋；

③若满足步骤二，则按式（3-7）计算。

对翼缘位于受压区的 T 形截面受弯构件，其受拉区增设现浇配筋混凝土层的正截面承载力计算，应按现行国家标准《混凝土结构加固设计规范》（GB 50367—2013）和《混凝土结构设计规范》（GB 50010—2010，2015 年版）中的计算规定进行截面承载力计算。

三、受弯构件斜截面加固设计

（一）概述

混凝土受弯构件斜截面受剪加固主要有两类：一类是原结构的受剪承载力不足；另一类是混凝土受弯构件正截面加固后，在弯剪段可能会沿斜裂缝发生斜截面受剪破坏，其受剪承载力不足。因此，在保证加固构件正截面承载力的同时，还要保证斜截面受剪承载力。

（二）加固方式

混凝土受弯构件的受剪承载力与剪跨比、混凝土强度、配箍率、截面尺寸、纵向配筋率、钢筋和骨料啮合力等有关。对于有腹筋梁，骨料啮合力和纵向配筋的销栓力对抗剪具有一定的贡献。为了方便计算，受剪承载力计算公式未独立考虑两者的贡献。因此，在受弯构件斜截面受剪加固时，可以采用提高混凝土强度等级、增大截面尺寸和增大配箍率等方法来提高受弯构件的受剪承载力。一般情况下，受弯构件受剪加固有两类：一类是在受拉区增设配筋混凝土层，并采用 U 形箍与原箍筋逐个焊接，这种方法主要通过提高混凝土强度和增大截面尺寸来达到抗剪目的；另一类是采用围套加固法，即在梁的底部和侧面增设混凝土层，采用加锚式和胶锚式箍筋（如图 3-8 所示），这种方法能显著提高受弯构件的受剪承载力，取得更好的加固效果。

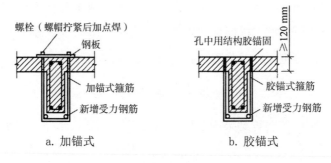

图 3-8 围套加固法

（三）构造要求

①加锚式箍筋直径不应小于 8mm；U 形箍直径应与原箍筋直径相同。

②当用混凝土围套加固法时，应设置胶锚式箍筋或加锚式箍筋。

③当对截面受拉区一侧加固时，新加部分箍筋应采用 U 形箍筋，将 U 形箍筋焊在原有箍筋上，其中单面焊的焊缝长度应为箍筋直径的 10 倍，双面焊的焊缝长度应为箍筋直径的 5 倍。

（四）斜截面受剪破坏形态

根据剪跨比和配箍率的不同，抗剪加固梁的破坏形态分为三种：斜压破坏、剪压破坏和斜拉破坏，如图 3-9 所示。

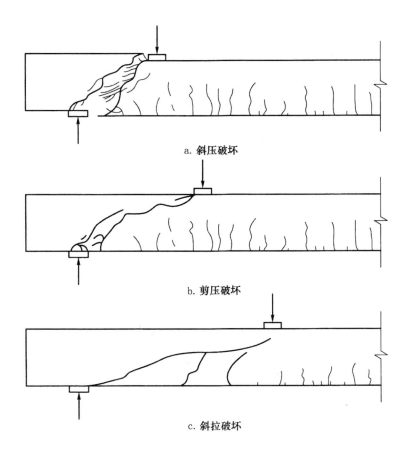

a. 斜压破坏

b. 剪压破坏

c. 斜拉破坏

图 3-9 斜截面破坏形态

①斜压破坏。这种破坏多数发生在剪力大而弯矩小的区段，以及加固后仍然是薄 T 形截面或 I 形截面的梁腹板上。其特点是先在腹部出现几条大致平行的斜裂缝，随着荷载的增加，将梁弯剪段分成若干斜向受压短柱，破坏由混凝土抗压强度不足引起。

②剪压破坏。这种破坏通常发生在剪跨比适中的加固梁上。其特点是在剪弯区段的受拉区边缘先出现一些垂直裂缝，沿竖向延伸一小段长度后，斜向延伸形成一些斜裂缝，其中有一条宽度较大的临界裂缝，随荷载增加，该临界裂缝向受压区倾斜延伸，导致剪压区减小，正应力和剪应力增大，破坏由混凝土剪压复合强度不足引起。

③斜拉破坏。这种破坏通常发生在剪跨比较大的加固梁上。其特点是当受拉区的垂直裂缝一出现，迅速向受压区斜向延伸，斜截面承载力随之丧失。破坏荷载与出现斜裂缝时的荷载很接近，破坏过程迅速，破坏前梁变形较小，具有明显的脆性特征，破坏由混凝土抗拉强度控制。

（五）斜截面受剪承载力计算方法

1. 基本假定

混凝土梁的斜截面问题较复杂，要充分考虑每一个影响斜截面承载力的因素较为困难。

因此，现行国家标准《混凝土结构设计规范》（GB 50010—2010，2015 年版）采用半理论半经验的实用计算公式。当用增大截面法对混凝土梁斜截面受剪加固时，试验表明，增大截面加固法不仅能提高其承载力，还有助于减缓斜裂缝宽度的发展。对于斜压破坏，仍引用《混凝土结构设计规范》（GB 50010—2010，2015 年版）的受剪截面限制条件来计算。对于斜拉破坏，仍引用最小配筋率条件和构造条件来计算。对于剪压破坏，在钢筋混凝土受弯构件受剪承载力计算公式的基础上，增加了新混凝土、新配筋的贡献，引入了新混凝土和钢筋的强度利用系数，将新、旧混凝土的斜截面受剪承载力分开计算，同时考虑了新、旧混凝土的抗拉强度设计值。

2. 基本计算公式

当受拉区增设配筋混凝土层，并采用 U 形箍与原箍筋逐个焊接时，

$$V \leq \alpha_{cv}[f_{t0}bh_{01} + \alpha_c f_t b(h_0 - h_{01})] + f_{yv0}\frac{A_{sv0}}{s_0}h_0 \qquad (3-11)$$

当增设钢筋混凝土三面围套，并采用加锚式或胶锚式箍筋时，

$$V \leqslant \alpha_{cv}(f_{t0}b_1 h_{01} + \alpha_c f_t A_c) + \alpha_s f_{yv}\frac{A_{sv}}{s} + f_{yv0}\frac{A_{sv0}}{s_0}h_{01} \qquad (3-12)$$

式中，α_{cv}——斜截面受剪承载力系数，对于一般受弯构件取 0.7。对集中荷载作用（包括多种荷载，其中集中荷载对支座截面或节点边缘所产生的剪力值占总剪力值的 75% 以上的情况）下的独立梁，取 1.75/（λ +1）。其中 λ 为计算截面的剪跨比，可取 λ 等于 a/h_0。当 λ < 1.5 时，取 1.5；当 λ > 3 时，取 3。a 为集中荷载作用点至支座截面或节点边缘的距离。

α_c——新增混凝土强度利用系数，取 α_c =0.7。

A_c——三面围套新增混凝土截面面积（mm²）。

b_1——原矩形截面的宽度或 T 形、I 形截面的腹板宽度（mm）。

α_s——新增箍筋强度利用系数，取 α_s =0.9。

f_{yv}、f_{yv0}——新箍筋和原箍筋的抗拉强度设计值（N/ mm²）。

A_{sv}、A_{sv0}——同一截面内新箍筋各肢截面面积之和及原箍筋各肢截面面积之和（mm²）。

f_t、f_{t0}——新、旧混凝土轴心抗拉强度设计值（N/ mm²）。

s、s_0——新增箍筋及原箍筋沿构件长度方向的间距（mm）。

3. 计算公式的适用范围

如果加固梁发生斜压破坏时，即使增加箍筋也无济于事。因此，设计加固时为避免斜压破坏，必须限制加固梁的截面尺寸。

当 $h_w / b \leqslant 4$ 时，应满足

$$N \leqslant 0.25\beta_c f_c bh_0 \qquad (3-13)$$

当$h_w / b \geqslant 6$时，应满足

$$V \leqslant 0.20 \beta_c f_c b h_0 \qquad （3-14）$$

当$4 < h_w / b < 6$时，按线性内插法确定。

式中，V——构件加固后剪力设计值（kN）。

β_c——混凝土强度影响系数，按现行国家标准《混凝土结构设计规范》（GB 50010—2010，2015年版）的规定值采用。

b——矩形截面的宽度或T形、I形截面的腹板宽度（mm）。

h_w——截面的腹板高度（mm），对于矩形截面，取有效高度；对于T形截面，取有效高度减去翼缘高度；对于I形截面，取腹板净高。

f_c——新增混凝土轴心抗压强度设计值（N/mm²）。

4.计算公式的应用

混凝土梁加固设计包括正截面承载力设计和斜截面受剪承载力设计，并符合"强剪弱弯"原则。因此，斜截面受剪加固设计可分为如下两种情况：

第一种情况是梁正截面承载力满足要求，斜截面受剪承载力不满足要求，仅进行斜截面受剪加固，其步骤如下：

①原梁受剪承载力复核；

②初步确定增大截面加固方式、截面尺寸、箍筋强度指标；

③按式（3-13）或式（3-14）验算加固构件截面尺寸是否符合要求，若不满足，重新调整截面尺寸；

④令$V = V_u$，按式（3-11）式（3-12）确定箍筋用量。

第二种情况是梁正截面承载力和斜截面受剪承载力均不满足要求，需要对两者进行加固设计，其步骤如下：

①对梁正截面受弯加固设计时，加固截面尺寸和加固用的纵向钢筋都已初步选定；

②对梁斜截面受剪加固设计时，按式（3-13）或式（3-14）验算加固构件截面尺寸是否符合要求，若不满足，重新调整截面尺寸；

③按式（3-11）或式（3-12）确定箍筋用量。

四、受压构件加固设计

（一）概述

增大截面法加固混凝土受压构件是通过增加构件的截面面积及配筋量，从而提高构件的承载能力，还可降低构件的长细比，提高构件的整体刚度，减小构件变形。

根据普通钢筋混凝土柱的受力特征，增大截面法加固混凝土柱主要包括四面围套、双面加厚等加固方式。

（二）加固方法

对于普通钢筋混凝土轴心受压柱，纵筋的作用是提高柱的承载力，减小构件的截面尺寸，防止偶然偏心产生的破坏，改善柱的延性和减小混凝土的徐变变形。箍筋的作用是约束纵筋，防止纵筋受力后外凸，箍筋一般做成封闭式。当需要加固轴压受压柱时，需要四面围套加固，加固方式如图3-10所示，应采用封闭式箍筋，纵筋的配筋率满足现行国家标准《混凝土结构设计规范》（GB 50010—2010，2015年版）的要求。

对于钢筋混凝土偏心受压构件，通常采用与轴心受压柱加固相同的四面围套加固方式，以及双面加厚方式（如图3-11所示）。一般情况下，当柱正截面承载力不足时，宜采用增加配筋的方式；当柱的轴压比超过限制或混凝土强度偏低时，则宜采用增大截面面积和提高混凝土强度等级等方式。

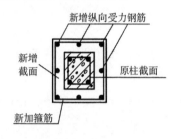

图 3-10 四面围套

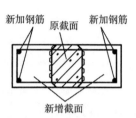

图 3-11 双面加厚

（三）构造要求

①对于增大截面法加固钢筋混凝土柱，采用现浇混凝土、自密实混凝土或掺有细石混凝土的水泥基灌浆料施工时，新增混凝土层的厚度不应小于60mm；采用喷射混凝土施工时，新增混凝土层的厚度不应小于50mm。

②加固柱应采用热轧钢筋，且受力钢筋直径不应小于14mm。新增纵向受力钢筋的下端应伸入基础并应满足锚固要求，上端应穿过楼板与上层柱脚连接或在屋面板处封顶锚固。

③当采用四面围套混凝土加固时，应将原柱面凿毛、洗净。箍筋采用封闭箍，其间距应符合现行国家标准《混凝土结构设计规范》（GB 50010—2010，2015年版）规定。

④当采用双面加厚混凝土加固时，应将原柱表面凿毛。当新浇混凝土较薄时，用短钢筋将加固钢筋焊接在原柱的受力钢筋上，如图3-12a所示。短钢筋直径不应小于25mm，长度不应小于其直径的5倍，各短筋的中距不应大于500mm。当新浇混凝土较厚时，应采用U形箍筋固定纵向受力钢筋，U形箍筋与原柱的连接可用焊接法或锚固法，如图3-12b所示。当采用焊接法时，单面焊缝长度为10d，双面焊缝长度为5d（d为U形箍筋直径）。采用锚固法时，应在距柱边不小于3d，且在不小于40mm处的原柱上钻孔，孔洞深度不小于10d，孔径宜比U形箍筋直径大4mm，然后用结构胶将U形箍筋固定在原柱的钻孔内。

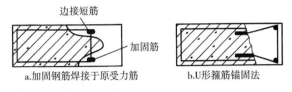

a.加固钢筋焊接于原受力筋 　　　　　 b.U形箍筋锚固法

图 3-12 加固纵向钢筋与原构件的连接

（四）轴心受压构件加固设计

1.受力特征与破坏形态

轴心受压柱的受力特征和破坏形态与原柱承受的荷载有关。试验表明，在柱加固前，如果柱完全卸载，加固柱的新增混凝土和钢筋与原柱能一同受力，在新旧混凝土界面黏结可靠的情况下，加固柱的受力特征、破坏形态与普通钢筋混凝土柱相似。

然而，一般情况下，加固前柱已经承受荷载，并产生了一定的变形，原截面应力、应变水平一般都较高。采用增大截面法加固柱后，新增加部分不是立即分担荷载，而是在新增荷载下才开始受力。试验表明，当新增荷载较小时，增大截面加固柱的新增混凝土和纵向钢筋都处于弹性阶段；当新增荷载增加至一定值时，由于原柱纵向钢筋应变超前，原柱的纵向钢筋先屈服，加固柱的外侧出现较多微细裂缝；当达到加固柱极限荷载时，加固柱的混凝土保护层剥落，新增截面上纵向钢筋向外压曲，混凝土被压碎破坏，典型的破坏形态如图 3-13a 所示。

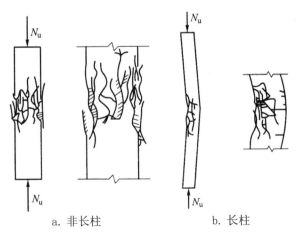

a. 非长柱 　　　　　 b. 长柱

图 3-13 轴压柱的破坏形态

对于长柱，经过增大截面法加固后，柱长细比有所降低，其侧向刚度也有所提高。试验表明，由各种偶然因素造成的初始偏心距的影响仍不可忽略。加载后，初始偏心距导致产生附加弯矩和相应的侧向挠度，而侧向挠度又增大了荷载的偏心距，使得加固柱在轴力和弯矩的共同作用下发生破坏。破坏时，首先在凹侧的围套混凝土上出现纵向裂缝，随后混凝土被压碎，纵筋被压屈；凸侧混凝土出现垂直于纵轴方向的横向裂缝，侧向挠度急剧增大，柱子破坏，如图 3-13b 所示。

2. 正截面承载力计算方法

由增大截面加固轴心受压柱的受力特征可知，由于原柱的混凝土和纵向钢筋应变超前或者新增截面的混凝土和钢筋应变滞后现象，新增混凝土和钢筋不能充分发挥其力学性能。加固柱的承载力与原柱的应力水平（原柱实际承受荷载与极限荷载的比值）有关。由于目前研究还不充分，并且精确计算原柱应力水平很难做到，对实际荷载的估算结果往往因人而异。因此，采用修正系数（$\alpha_{cs}=0.8$）来综合考虑新增混凝土和钢筋强度利用程度。

考虑长柱承载力的降低、可靠度的调整、新旧混凝土和钢筋的利用程度后，增大截面加固轴心受压构件正截面承载力计算公式如下：

$$N \leqslant 0.9\varphi[f_{c0}A_{c0} + f'_{y0}A'_{s0} + \alpha_{cs}(f_cA_c + f'_yA'_s)] \tag{3-15}$$

式中，N——构件加固后的轴向压力设计值（kN）。

φ——构件稳定系数，根据加固后的截面尺寸，按现行国家标准《混凝土结构设计规范》（GB 50010—2010，2015 年版）的规定值采用。

A_{c0}、A_c——原混凝土截面面积与新增混凝土截面面积（mm^2）。

f'_{y0}、f'_y——原纵向钢筋与新增纵向钢筋的抗压强度设计值（N/mm^2）。

A'_{s0}、A'_s——原纵向钢筋与新增纵向受压钢筋的截面面积（mm^2）。

α_{cs}——综合考虑新增混凝土和钢筋强度利用程度的修正系数，取 α_{cs} 值为 0.8。

（五）偏心受压构件加固设计

如果加固前柱子能完全卸载，偏心受压加固柱的受力性能和破坏特征与普通大偏心受压柱相似，此时加固柱设计方法可采用现行国家标准《混凝土结构设计规范》（GB 50010—2010，2015 年版）中钢筋混凝土偏心受压柱的设计方法。然而，实际加固工程中，柱子完全卸载比较困难。因此，加固偏心受压柱也面临二次受力问题，新增部分的混凝土和钢筋应力滞后于原柱的混凝土和钢筋应力，偏心受压加固柱的受力性能与普通大偏心受压柱有较大差异。本节首先阐述偏心受压加固柱的受力特征和破坏形态，然后再阐述偏心受压柱正截面承载力加固计算方法与应用。

1. 受力特性和破坏形态

（1）大偏心受压加固柱

试验表明，对于配筋合适的大偏心受压加固柱，当原柱的应力水平较小时（应力水平阈值大约为 0.6），在二次受力加载初期，原柱中受拉钢筋应力大于新增受拉钢筋应力；受压区新增混凝土应变增量大于原柱混凝土应变增量，但一般小于原柱受压区混凝土应变总量，原柱受压钢筋应力要大于新增受压钢筋应力。随着荷载增大，新增受拉钢筋应力增加较快，其应力逐渐接近甚至超过原柱中受拉钢筋应力；受压区新增混凝土应变逐渐接近甚至超过原柱混凝土应变，新增受压钢筋应力增加较快，其应力将逐渐接近甚至超过原柱中受压钢筋应力。破坏时，原柱和新增受拉钢筋均达到屈服强度，受压区新增混凝土压碎破坏。当原柱的应力水平较大时，在二次受力作用下，尽管新增受拉钢筋的应力增长率比原柱受拉钢筋大，但由于原荷载作用使得原柱中受拉钢筋应力较大，不能消除原柱受拉钢筋的应力超前现象和受压区新增混凝土应变滞后现象。因此，加固柱破坏时，原柱及新增受拉钢筋依次达到屈服，受压区新增混凝土压碎破坏。

（2）小偏心受压加固柱

小偏心受压加固柱的破坏分为以下两种情况：

①轴向力的相对偏心距较大或应力水平较小。在二次受力加载初期，距轴向力近侧的受压新增混凝土应变增长率大于原柱同侧混凝土应变增长率，随着荷载的增加，近侧的受压区新增混凝土边缘压应变与原柱同侧混凝土压应变依次达到极限，受压钢筋应力也达到屈服强度，而远侧钢筋受拉或受压不屈服。

②轴向力的相对偏心距较小或应力水平较大。在二次受力加载初期，由于新增混凝土压应变存在滞后现象，靠近轴向力一侧的新增混凝土压应变小于原柱混凝土压应变。随着荷载的增加，靠近轴向力一侧的新增混凝土压应变增量逐渐增大，但始终滞后于原柱混凝土压应变。达到加固柱极限荷载时，破坏始于靠近轴向力一侧的原柱混凝土，原柱的纵向受压钢筋屈服，新增纵向受压钢筋不屈服。远侧钢筋可能受拉或受压，但均未达到屈服。只有当偏心距很小，而轴向力又很大时，较远一侧的原柱纵向钢筋才可能受压屈服。

在纵向弯曲影响下，偏心受压加固长柱也可能发生失稳破坏和材料破坏。因此，偏心受压加固长柱也需要考虑 $P-\delta$ 效应。

2. 正截面承载力计算方法

（1）矩形截面大偏心受压加固柱正截面承载力计算

由前面的分析可知，对于大偏心受压加固柱，新增纵向受拉钢筋可以达到屈服，能充分发挥其力学性能。但是，考虑到纵向受拉钢筋的重要性，以及其工作条件不如原钢筋，应适当提高其安全储备，引入强度利用系数。

另外，加固构件的混凝土受压区可能包含部分旧混凝土，这就需要考虑新旧混凝土组合截面的轴心抗压强度设计值，但其取值较为复杂，不仅需要考虑不同的组合情况，还需要通过试验确定其数值。为了简化计算，我国现行国家标准《混凝土结构加固设计规范》（GB 50367—2013）采用近似值。

矩形截面大偏心受压构件加固计算简图如图 3-14 所示。

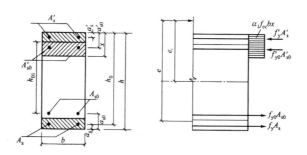

图 3-14 矩形截面大偏心受压构件加固的计算简图

根据计算简图，其正截面承载力计算公式如下：

$$N \leqslant \alpha_1 f_{cc} bx + 0.9 f'_y A'_s + f'_{y0} A'_{s0} - f_y A_s - f_{y0} A_{s0} \tag{3-16}$$

$$N_e \leqslant \alpha_1 f_{cc} bx \left(h_0 - \frac{x}{2} \right) + 0.9 f'_y A'_s (h_0 - a'_s) + f'_{y0} A'_{s0}(h_0 - a'_{s0}) - f_{y0} A_{s0}(a_{s0} - a_s) \tag{3-17}$$

$$e = e_i + \frac{h}{2} - a \tag{3-18}$$

$$e_i = e_0 + e_a \tag{3-19}$$

$$e_0 = \frac{M}{N} \tag{3-20}$$

式中，f_{cc}——新旧混凝土组合截面的混凝土轴心抗压强度设计值（N/mm²），可按 $f_{cc} = \frac{1}{2}(f_{c0} + 0.9 f_c)$ 确定；若有可靠试验数据，也可根据试验结果确定。

A_{s0}——原构件受拉边或受压较小边的纵向钢筋截面面积（mm²）。

A'_{s0}——原构件受压较大边纵向钢筋截面面积（mm²）。

a_{s0}——原构件受拉边或受压较小边纵向钢筋合力点至加固后截面近边的距离（mm）。

a'_{s0}——原构件受压较大边纵向钢筋合力点至加固后截面近边的距离（mm）。

a_s——受拉边或受压较小边新增纵向钢筋合力点至加固后截面近边的距离（mm）。

a'_s——受压较大边新增纵向钢筋合力点至加固后截面近边的距离（mm）。

h_0——受拉边或受压较小边新增纵向钢筋合力点至加固后截面受压较大边缘的距离（mm）。

h_{01}——原构件截面有效高度（mm）。

e——偏心距，为轴向压力设计值的作用点至受拉钢筋合力点的距离（mm）。

e_i——初始偏心距（mm）。

a——纵向曼拉钢筋的合力点至截面近边缘的距离（mm）。

e_0——轴向压力对截面重心的偏心距，当需要考虑二阶效应时，M 按现行国家标准《混凝土结构设计规范》（GB 50010—2010，2015 年版）规定确定。

ψ——修正系数，当为对称形式加固时，取 ψ 为 1.2；当为非对称形式加固时，取 ψ 为 1.3。

e_a——附加偏心距，按偏心方向截面最大尺寸 h 确定，当 $h \leqslant 600mm$ 时，取 e_a 为 20mm；当 $h>600mm$ 时，取 $e_a = h/30$。

为了保证构件破坏时受压钢筋能达到屈服强度，要求：

$$x \geqslant 2a'_s \tag{3-21}$$

为了保证构件破坏时受拉钢筋能达到屈服强度，要求：

$$x \leqslant \xi_b h_0 \tag{3-22}$$

式中，ξ_b——界限相对混凝土受压区高度。

（2）矩形截面小偏心受压加固柱正截面承载力计算

由小偏心受压加固柱的受力特征可知，靠近轴向力一侧的原柱纵向受压钢筋屈服。但是，由于二次受力的影响，新增纵向受压钢筋可能屈服或者不屈服，远侧钢筋可能受拉或受压，可能屈服或者不屈服。为了方便计算，采用引入钢筋利用系数来考虑靠近轴向力一侧新增受压钢筋的作用。假定 A_s 和 A_{s0} 受拉，矩形截面小偏心受压构件加固计算简图如图 3-15 所示，其中，φ_s 和 φ_{s0} 可能变向。

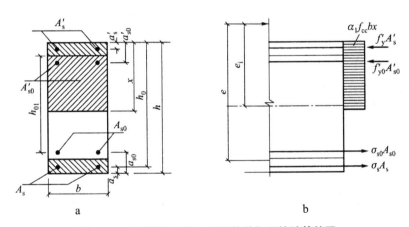

图 3-15 矩形截面小偏心受压构件加固的计算简图

根据计算简图，其正截面承载力计算公式如下：

$$N \leqslant \alpha_1 f_{cc}bx + 0.9f'_y A'_s + f'_{y0} A'_{s0} - \sigma_s A_s - \sigma_{s0} A_{s0} \tag{3-23}$$

$$Ne \leqslant \alpha_1 f_{cc}bx(h_0 - \frac{x}{2}) + 0.9f'_y A'_s(h_0 - a'_s) + f'_{y0} A'_{s0}(h_0 - a'_{s0}) - \sigma_{s0} A_{s0}(a_{s0} - a_s) \tag{3-24}$$

$$\sigma_{s0} = (\frac{0.8h_{01}}{x} - 1)E_{s0}\varepsilon_{cu} \leqslant f_{y0} \tag{3-25}$$

$$\sigma_s = (\frac{0.8h_0}{x} - 1)E_s\varepsilon_{cu} \leqslant f_y \tag{3-26}$$

式中，σ_{s0}——原构件受拉或受压较小边纵向钢筋应力（N/mm²），在图 3-16 中可能变向，当 $\sigma_{s0} > f_{y0}$ 时，取 $\sigma_{s0} = f_{y0}$。

σ_s——新增受拉或受压较小边纵向钢筋应力（N/mm²），当 $\sigma_s > f_y$ 时，取 $\sigma_s = f_y$。

（3）偏心受压构件正截面承载力计算

偏心受压构件正截面承载力加固设计包括截面设计和截面复核。

1）截面设计

一般情况下，已知加固后柱的轴向力和弯矩设计值，及新增截面尺寸，求新增钢筋截面面积，可按两个主要步骤进行。

步骤一：对原柱进行截面复核；

步骤二：加固设计，可按下面步骤进行。

①大偏心受压柱正截面承载力加固设计。

a. 用两个基本方程求解 x、A_s 和 A'_s 三个未知数，需要补充一个条件才能求解。为了使钢筋用量最小，取 $x = x_b$，令 $N = N_u$，根据式（3-17）求 A'_s。

b. 根据式（3-16）求 A_s。

c. 按轴心受压构件验算垂直于弯矩作用平面内的受压承载力。

②小偏心受压柱正截面承载力加固设计。

a. 用两个基本方程求解 x、A_s 和 A'_s 三个未知数，需要补充一个条件才能求解。

b. 令 $N = N_u$，根据式（3-23）、式（3-24）求解，继而求 A'_s；

c. 按轴心受压构件验算垂直于弯矩作用平面内的受压承载力。

2）截面复核

一般已知新增钢筋类型和截面面积，求加固后弯矩（M）或者轴力（N），可按两个主要步骤进行。

步骤一：对原柱进行截面复核；

步骤二：加固设计，可按下面步骤进行。

①已知轴向力设计值，求弯矩设计值。

a. 将配筋和 ξ_b 代入式（3-16）求界限情况下柱的承载力设计值（N_{ub}）；

b. 如果 $N_{ub} \geqslant N$，则为大偏心受压，根据式（3-16）、式（3-17）求 M；如果 $N_{ub} < N$，则为小偏心受压，根据式（3-23）、式（3-24）求 M；

c. 按轴心受压构件验算垂直于弯矩作用平面内的正截面承载力。

②已知轴向力设计值，求弯矩设计值。

a. 对 N 作用点取矩求 x；

b. 当 $x \leqslant x_b$，则为大偏心受压，根据式（3-16）求设计值；当 $x > x_b$，则为小偏心受压，根据式（3-23）、式（3-24）求设计值；

c. 按轴心受压构件验算垂直于弯矩作用平面内的正截面承载力。

第二节　置换混凝土加固法

置换混凝土加固法是剔除原构件低强度或者有缺陷区段的混凝土至一定深度，重新浇筑同品种但强度等级较高的混凝土进行局部加固，以使原构件的承载力得到恢复的一种加固方法。

一、置换混凝土加固法的特点及适用范围

（一）置换混凝土加固法的特点

置换混凝土加固法是一种直接加固方法，其加固特点主要表现在如下几方面：

①置换混凝土加固法可以恢复构件原貌，且不改变使用空间，但剔除被置换的混凝土时易伤及原构件非置换部分的混凝土及钢筋，湿作业期较长。

②加固时必须采用性能良好的界面胶处理原构件混凝土界面，以保证新旧混凝土的协同工作。

③加固时应采用直接卸载或支顶卸载的方法对原构件进行卸载，当不能完全卸载时，应对其承载状态进行验算、观测和控制。

④当混凝土结构构件置换部分的界面处理及其施工质量符合要求时，其结合面可按整体受力计算。

（二）置换混凝土加固法的适用范围

置换混凝土加固法适用于承重构件受压区混凝土强度偏低或有严重缺陷的局部加固，如图 3-16 所示。采用置换混凝土加固法加固的关键在于新浇混凝土与原构件混凝土界面的处理效果能否保证二者协同工作。在置换新建工程的混凝土时，新浇混凝土的胶体能在微膨胀剂的预压应力促进下渗入其中，并在水泥水化过程中使新旧混凝土黏合成一体，以保证新旧混凝土的协同工作。在既有建筑的混凝土置换加固时，如果新旧混凝土界面采用渗透性和黏结能力良好的界面胶，也可以保证新旧混凝土的协同工作。因此，置换混凝土加固法不仅可以用于新建混凝土结构质量不合格的返工处理，还可以用于既有混凝土结构受火灾烧损、介质腐蚀以及地震、强风和人为损伤后的修复。

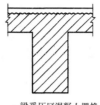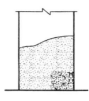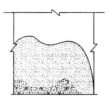

| a.梁受压区混凝土置换 | b.低强度混凝土柱置换 | c.柱（烂根） | d.墙（烂根） |

图 3-16 置换混凝土加固法

置换构件时，非置换部分的混凝土强度等级按现场检测的结果不应低于该混凝土结构建造时规定的强度等级。如果非置换部分的混凝土强度等级低于建造时的规定强度等级，也应进行置换。

二、受弯构件正截面加固设计

当采用置换混凝土加固法加固钢筋混凝土受弯构件时，置换部位应位于构件截面受压区内，其正截面承载力应按下列两种情况分别考虑。

①当受压区混凝土置换深度 $h_n \geq x_n$ 时，受压区只有新混凝土参与承载，因此可按新混凝土强度等级及原构件中配置的纵向钢筋，由式（3-27）确定正截面承载力：

$$\begin{cases} M \leq a_1 f_c cbx_n(h_0 - 0.5x_n) + f_y'A_s'(h_0 - a') \\ a_1 f_c bx_n + f_y'A_s' - f_y A_s = 0 \end{cases} \quad (3-27)$$

式中，M——构件加固后的弯矩设计值；

b——矩形截面的宽度；

h_0——纵向受拉钢筋合力点至受压区边缘的距离；

x_n——加固后混凝土受压区高度；

a_1——受压区混凝土矩形应力图的应力值与混凝土轴心抗压强度设计值的比值；

a'——纵向受压钢筋合力点至截面近边的距离；

f_c——构件置换混凝土的抗压强度设计值；

A_s、A_s'——受拉区、受压区纵向钢筋的截面面积；

f_y、f_y'——纵向受拉、受压钢筋的抗压强度设计值。

②当受压区混凝土置换深度 $h_n < x_n$ 时，受压区存在新旧混凝土共同参与承载的情况，应将受压区混凝土分成新旧混凝土两部分分别处理。其正截面承载力应符合式（3-28）的规定：

$$\begin{cases} M \leq a_1 f_c bh_n h_{0n} + a_1 f_{c0}b(x_n - h_n)h_{00} + f_y'A_s'(h_0 - a') \\ a_1 f_c bh_n + a_1 f_{c0}b(x_n - h_n) = f_y A_s - f_y'A_s' \\ x \geq 2a' \end{cases} \quad (3-28)$$

式中，f_{c0}——构件原混凝土的抗压强度设计值；

h_n——受压区混凝土的置换深度；

h_{0n}——纵向受拉钢筋合力点至置换混凝土形心的距离；

h_{00}——纵向受拉钢筋合力点至原混凝土形心的距离。

其余符号含义同（3-27）式。

三、受压构件加固设计

（一）轴心受压构件加固设计

当采用置换法加固钢筋混凝土轴心受压构件时，其正截面承载力计算公式如下：

$$N \leqslant 0.9\varphi(f_{c0}A_{c0} + \alpha_c f_c A_c + f'_{y0} A'_{s0}) \tag{3-29}$$

式中，N——构件加固后的轴向压力设计值（kN）。

φ——受压构件稳定系数，按现行国家标准《混凝土结构设计规范》（GB 50010—2010，2015年版）的规定值采用。

α_c——置换部分新增混凝土的强度利用系数，当置换过程无支顶时，取α_c=0.8；当置换过程采取有效的支顶措施时，取α_c=1.0。

A'_{s0}——原构件受压区纵向钢筋的截面面积（mm²）。

f'_{y0}——原构件纵向受压钢筋的抗压强度设计值（N/mm²）。

f_{c0}、f_c——原构件混凝土和置换用新混凝土的抗压强度设计值（N/mm²）。

A_{c0}、A_c——原构件截面扣去置换部分后的剩余截面面积和置换部分的截面面积（mm²）。

从式（3-29）可以看出，采用置换法加固钢筋混凝土轴心受压构件时，其正截面承载力计算公式除了应分别计算出新旧两部分不同强度等级混凝土的承载力外，其他与正截面设计没有区别，计算公式参照现行国家标准《混凝土结构设计规范》（GB 50010—2010，2015年版）给出，引入了置换部分新混凝土强度的利用系数（α_c），以考虑施工无支顶时新混凝土的抗压强度不能得到充分利用的情况。

（二）偏心受压构件加固设计

当采用置换法加固钢筋混凝土偏心受压构件时，其正截面承载力应按下列两种情况分别计算：

①受压区混凝土置换深度$h_n \geqslant x_n$时，按新混凝土强度等级和现行国家标准《混凝土结构设计规范》（GB 50010—2010，2015年版）的规定进行正截面承载力计算。

②受压区混凝土置换深度$h_n < x_n$时，其正截面承载力应符合下列规定：

$$\begin{cases} N \leqslant a_1 f_c b x_n + f_y' A_s' - \sigma_s A_s \\ Ne \leqslant a_1 f_c b x_n + (h_0 - 0.5x_n) + f_y' A_s' (h_0 - a') \end{cases} \tag{3-30}$$

式中，N——构件加固后轴向压力设计值（kN）。

e——轴向压力作用点至受拉钢筋合力点的距离（mm）。

f'_{y0}——原构件纵向受压钢筋的抗压强度设计值（N/mm²）。

σ_{s0}——原构件纵向受拉钢筋的应力（N/mm²）。

当受压区混凝土置换深度不小于加固后混凝土受压区高度时，轴向荷载全部由新浇混凝土承受，此时可按照新混凝土强度等级计算加固后偏心受压构件的正截面承载力；当混凝土置换深度小于加固后混凝土受压区高度时，新旧混凝土均参与承载，因此在计算时将压区混凝土分成新旧混凝土两部分处理。

四、构造规定

①置换用混凝土的强度等级应比原构件混凝土提高一级，且不应低于 C25。

②对于混凝土的置换深度，板不应小于 40mm。梁、柱采用人工浇筑时，不应小于 60mm；采用喷射法施工时，不应小于 50mm。置换长度应按混凝土强度和缺陷的检测及验算结果确定，但对于非全长置换的情况，其两端应分别延伸不小于 100mm 的长度。

③梁的置换部分应位于构件截面受压区内，沿整个宽度剔除，如图 3-17a 所示，或沿部分宽度对称剔除，如图 3-17b 所示，但不得仅剔除截面的一隅，如图 3-17c 所示。柱的置换部分宜位于构件截面周边或对称的两侧，且剔除的深度应一致，如图 3-18 所示。

④对于置换混凝土范围内的混凝土表面处理，应符合现行国家标准《建筑结构加固工程施工质量验收规范》（GB 50550—2010）的规定。对于既有结构，旧混凝土表面尚应涂刷结构界面胶，以保证新旧混凝土的协同工作。

图 3-17 梁置换混凝土的剔除部位

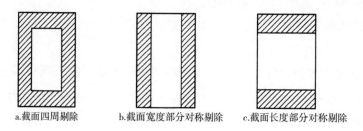

图 3-18 柱置换混凝土的剔除部位

第三节　改变结构受力特征加固法

改变结构受力特征加固法是通过改变结构荷载分布状况、传力途径、边界条件等来改变结构计算简图的一种加固方法。一般由于建筑结构使用功能发生改变，或要求较大的使用空间，需改变结构受力体系并对原结构进行补强加固时，可通过增设支点、增设托梁（架），考虑空间协同工作法、卸载法、替换结构法、拔去柱子（托梁拔柱）法等来实现。改变结构受力特征加固法包括增设支点加固法和托梁拔柱加固法两种。

一、改变结构受力特征加固法的种类及适用范围

（一）增设支点加固法

增设支点加固法是增加支承点来减小结构计算跨度，达到减小结构内力和提高其承载力及刚度的加固方法。其优点是简单可靠，缺点是使用空间会受到一定影响，这种方法适用于梁、板、桁架、网架等水平结构的加固。通常，支承点可采用砖柱、钢筋混凝土柱、钢柱，托梁或托架采用钢筋混凝土梁或钢结构。该法按支承结构的变形性能，分为刚性支点和弹性支点两类；按支承时的受力情况，分为预应力支承和非预应力支承两类。

刚性支点法是指通过支承结构的轴心受压或轴心受拉将荷载直接传递给基础或柱子的一种加固方法，如图 3-19 所示。

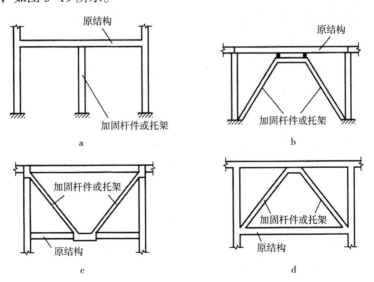

图 3-19 刚性支点加固示意图

由于新增支柱或支撑的纵向抗压或抗拉刚度较大，在荷载作用下，其变形与原构件支点处挠曲变形相比很小，支承点的位移可以忽略不计，一般可简化为不动支承点，结构受

力明确，内力计算大为简化。通常，刚性支点的支柱可采用砖柱、钢筋混凝土柱、格构式钢柱、钢管柱或钢管混凝土柱等。支撑一般采用钢结构构件或钢筋混凝土构件。

弹性支点法是以支承结构的受弯或桁架作用间接传递荷载的一种加固方法，如图 3-20 所示。因为增设的支杆或托梁（架）的相对刚度不大，支承点的位移不能忽略，应按弹性支点来考虑，内力分析较为复杂。弹性支点加固需要考虑支承体系的变位，即支承内力需通过原构件与支撑之间的变形协调条件求出。

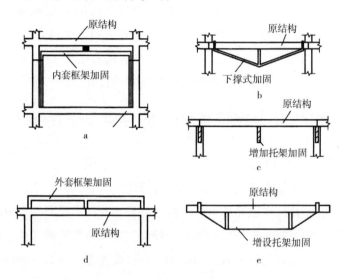

图 3-20 弹性支点加固示意图

（二）托梁拔柱法

托梁拔柱是托楼（屋）面梁拔柱、托梁拆墙、托屋架拔柱的总称。该方法是一种在不拆除或少拆除上部结构的情况下实施拆除、更换或接长柱子的加固改造技术，包括相关构件的加固技术、上部结构顶升技术、拆除柱（墙）技术、施工安全技术等，适用于因使用功能改变及生产工艺更新，要求改变平面布局、增加柱距和使用空间的既有房屋或厂房的改造。它具有对生产、工作及生活影响较小，改造周期短，综合经济效益高等优点，但也具有施工技术要求较高、安全措施要求严格周密等缺点。该方法按施工方法不同可分为有支撑托梁拔柱和无支撑托梁拔柱。我国的托梁拔柱技术应用以前多局限于单层工业厂房排架结构的改造，目前在民用建筑中也有较多应用，如办公楼、商店、酒店等的门厅加大空间，沿街老旧砌体房屋底层小房间改为大开间的门面或商店等。

1.有支撑托梁拔柱

有支撑托梁拔柱是首先在待拔除柱（墙）边设置临时支柱，然后利用此柱顶升上部结构，制作安装托梁（托架），再将上部结构支承关系转换于托梁（托架），最后拆除柱子或墙体，如图 3-21 所示。拆除柱子或墙体之后，结构受力发生变化，必须做相应的加固处理，以保证整体结构安全可靠。该方法施工较安全，但增设临时支柱的结构费用较高。

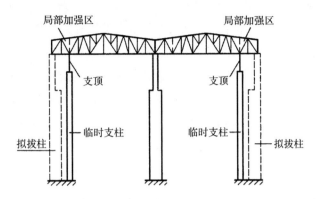

图 3-21 有支撑托梁拔柱示意图

2. 无支撑托梁拔柱

无支撑托梁拔柱是指不另设临时支柱来支托上部结构,直接施工浇筑永久性钢筋混凝土梁或安装永久性钢梁来支托上部结构,然后拆除下部柱或墙体。对于厂房排架结构,可采用双托梁反牛腿加固方法(如图 3-22a 所示),也可采用凿孔高空焊制托架加固方法(如图 3-22b)所示。双托梁反牛腿适用于钢柱情况,采用两榀钢托梁对称设于两边支柱内外侧,并在被拔柱保留的上柱部分设置反向牛腿,上部结构的质量及支承关系是通过反牛腿来进行转换的。凿孔焊制托架方案一般适于工字柱或双肢柱情况。

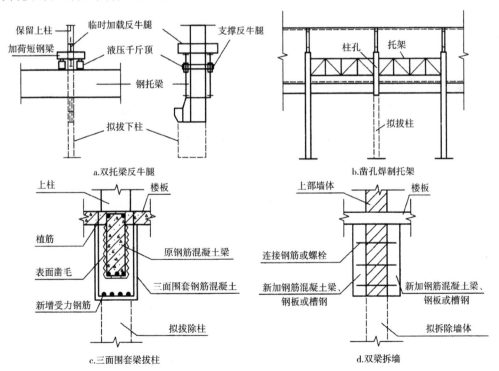

图 3-22 无支撑托梁拔柱示意图

对于钢筋混凝土框架结构,一般采用三面围套加大原梁截面尺寸,如图 3-22c 所示,或加高原梁，采用双梁来支托上部结构进行加固补强；对于砌体结构的墙体拆除，一般采用在砌体墙两边设置双梁与砌体形成组合构件来进行加固补强，如图3-22d所示。

当采用改变结构受力特征的加固方法时，要求设计人员对整个结构的受力特征有十分清晰的认识，设计人员应反复勘查现场，弄清情况。增设支点加固法和托梁拔柱法均会改变结构的传力途径，加固后整个结构的受力情况可能有较大的变化，从而可能引起一系列构件的受力情况变化，该方法是各种加固方法中设计计算、施工难度都较高的一种加固方法。设计人员在选取加固方法时，除需考虑建筑功能要求和结构安全要求外，还应考虑施工操作的可行性和施工过程的安全性。设计人员宜提出加固改造的施工顺序要求。

在采用增设支点加固法时需分清刚性支点与弹性支点的区别，计算时需明确采用的支点类型，在施工过程中使用的支点要能满足所取计算简图的要求。另外，构件之间节点的连接构造措施也是保证加固效果的一个重要因素。

当采用预顶力增设支点加固时，应直接卸去梁和板的外荷载。另外，预顶力应采用测力计控制，若仅采用打入钢楔以变形控制，应先进行试验，在确定支顶力与变形关系后，方可实施。

当采用托梁拔柱技术时，需保证各部分工程之间的协调，保证被加固构件的养护时间。在条件允许时，尽量设置沉降观测点。

二、增设刚性支点加固设计

设计支承结构或构件时，宜采用有预顶力的方案，预顶力的大小应以支点处被支顶构件表面不出现裂缝和不增设附加钢筋为宜。

预顶力不仅可以保证支柱杆件能良好地参与工作，而且还可以调节被加固结构构件的内力。预加的顶升力越大，被加固结构构件的跨中弯矩减少越多，增设支点的卸载作用越大。但若顶升力过大，原梁可能出现反方向弯矩，使上表面出现裂缝或需增加钢筋。因此，对顶升力应加以控制。

制作支承结构和构件的材料应根据被加固构件所处的环境及使用要求进行确定。当在高湿度或高温环境中使用钢构件及其连接时，应采用有效的防锈和隔热措施。

对于采用刚性支点加固的梁（板），结构计算应按下列步骤进行：

①计算并绘制加固时原梁的内力图，如图3-23a所示；

②初步确定预加力（卸载值），并绘制在支点预加力作用下的内力图，如图3-23b所示；

③按加固后的计算简图，计算并绘制在新增荷载作用下的内力图，如图3-23c所示；

④将上述①②③步内力图叠加，绘出梁各截面内力包络图，如图3-23d所示；

⑤计算梁各截面实际承载力（M_u），并绘制抵抗弯矩图，如图3-23d所示；

⑥调整预加力值，使梁各截面最大内力值小于截面实际承载力，如图3-23e所示；

⑦根据支点的最大支承力，设计支撑构件及其基础。支撑构件多为轴心受力构件，可按现行国家标准《混凝土结构设计规范》（GB 50010—2010，2015年版）或《钢结构设

计规范》（GB 50017—2003）规定设计；

⑧计算预加力撑杆的顶撑控制量。当用纵向压缩法对预加力撑杆系统施加顶升力时，其顶升量(ΔL)可按下式计算：

$$\Delta L = L\varepsilon + a \tag{3-31}$$

式中，L——撑杆长度（mm）。

ε——撑杆在预加力作用下引起的应变，当采用钢撑杆时，$\varepsilon = N_p / (\beta A_s E_s)$；当采用钢筋混凝土柱时，$\varepsilon = N_p / (\beta A_0 E_c)$。$\beta$ 为经验系数，取 0.90；A_s、A_0 分别为钢构件截面、混凝土柱截面的换算面积（mm^2）；E_s、E_c 分别为钢、混凝土的弹性模量（ N/mm^2 ）。

a——撑杆端部与被加固构件混凝土间的压缩量，取 224mm。

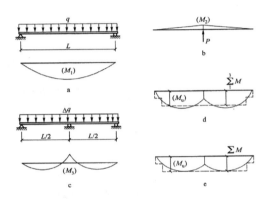

图 3-23 刚性支点加固梁计算简图

三、增设弹性支点加固设计

（一）加固结构内力计算方法

采用弹性支点加固梁时，需先计算出所需弹性支点力的大小，然后根据此力确定弹性支承结构的刚度。

弹性支点的内力计算不同于刚性支点，弹性支点要考虑支承结构的位移，即支承内力需通过原结构与支承结构之间的变形协调求出。

通常，实际结构一般为超静定的，其内力根据构件刚度来分配，故新建结构在设计时，首先假定结构构件的截面尺寸，然后再进行内力分析和计算。但在加固工程中，往往是首先确定加固效果，然后据此推算出加固构件所需的截面面积和刚度。由于加固构件的受力大小随其刚度变化而变化，因此，只有按此推算出的刚度值设计截面面积，才能达到预期的加固效果。其分析计算过程与新建结构设计有较大的不同。

当采用力法求解超静定结构内力时，需先确定基本体系，然后根据位移条件列出基本方程并求解。通常，力法要求在去掉多余联系之后的基本体系是静定的，但由于加固结构常用的加固形式不多，在加固结构的计算中，仅需先算出弹性支点力（卸除力）即可，故加固结构的基本体系可以为超静定结构（当然也可以是静定结构），也就是仅把需要求解内力的杆（或支撑）视为多余联系，用未知力代替，形成基本体系，其力法方程如下：

$$\delta_1 X + \Delta_P = 0 \qquad (3-32)$$

式中，X——弹性支点力；

δ_1——在单位力作用下，基本体系沿 X 方向产生的位移；

Δ_P——基本体系在外荷载作用下沿 X 方向的位移，当方向与 δ 相同时，Δ_P 规定为正，反之为负。

对于弹性支点加固梁板，首先计算出所需支点的弹性支点力，根据此力，按式（3-32）来确定加固杆件所需的截面面积和刚度。由于支承结构大多为单点支承或呈对称性支承，所以实际计算工作量相对简单。

（二）弹性支点力计算

在新增荷载作用下，被加固梁与支承梁间的弹性支点力，可根据支承点处的变形协调条件按式（3-32）求解。下面列出几种常见荷载的弹性支点力值及相应的刚度比值。

1. 均布荷载

均布荷载示意图如图 3-24 所示。

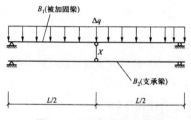

图 3-24 均布荷载示意图

在弹性支点处的力法方程如下：

$$\frac{5\Delta q L^4}{384 B_1} - \frac{X L^3}{48 B_1} - \frac{X L^3}{48 B_2} = 0 \qquad (3-33)$$

$$X = \frac{5\Delta q L}{8} / (1 + \frac{B_1}{B_2}) \qquad (3-34)$$

$$\frac{B_1}{B_2} = \frac{5\Delta q L}{8} - 1 \qquad (3-35)$$

比较分析：设 $\dfrac{B_1}{B_2} = 1$，则 $X = \dfrac{5\Delta q L}{16}$；

原梁承受弯矩：$M_1 = \dfrac{\Delta q L^2}{8} - \dfrac{5\Delta q L^2}{16 \times 4} = \dfrac{3\Delta q L^2}{64}$；

支承梁承受弯矩：$M_2 = \dfrac{X L}{4} = \dfrac{5\Delta q L^2}{64}$；

原梁单独承受时，弯矩：$M_{max}^0 = \dfrac{\Delta q L^2}{8}$。

$$M_1 + M_2 = M_{max}^0$$

由此可以看出，支承梁仅承受一部分荷载，而且是加固后新增荷载的一部分。因此，弹性支点的加固效果是非常有限的。

2. 局部均布荷载

局部均布荷载示意图如图 3-25 所示。

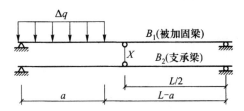

图 3-25　局部均布荷载示意图

在弹性支点处的力法方程如下：

$$\frac{\Delta q a^2 L^2 / 2}{24 B_1}[2 - (\frac{a}{L})^2 - \frac{1}{2}] - \frac{X L^3}{48 B_1} - \frac{X L^3}{48 B_2} = 0 \tag{3-36}$$

$$X = \frac{\Delta q a^2}{L}[1.5 - (\frac{a}{L})^2] / (1 + \frac{B_1}{B_2}) \tag{3-37}$$

$$\frac{B_1}{B_2} = \frac{\Delta q a^2}{L X}[1.5 - (\frac{a}{L})^2] - 1 \tag{3-38}$$

3. 集中荷载

集中荷载示意图如图 3-26 所示。

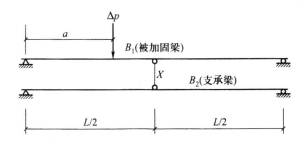

图 3-26　集中荷载示意图

在弹性支点处的力法方程如下：

$$\frac{\Delta_P a^2 L^2}{6 B_1}[(\varepsilon - \varepsilon^3) - (\frac{a}{L})^2 \varepsilon] - \frac{X L^3}{48 B_1} - \frac{X L^3}{48 B_2} = 0 \tag{3-39}$$

$$\frac{\Delta_P a^2 L^2}{6B_1}[\frac{1}{2} - \frac{1}{8} - \frac{1}{2}(\frac{a}{L})^2] = \frac{\Delta_P a^2 L^2}{48B_1}[3 - 4(\frac{a}{L})^2] = \frac{XL^3}{48B_1} + \frac{XL^3}{48B_2} \qquad (3-40)$$

$$X = \Delta_P \frac{a}{L}[3 - 4(\frac{a}{L})^2] / (1 + \frac{B_1}{B_2}) \qquad (3-41)$$

$$\frac{B_1}{B_2} = \frac{\Delta_P a}{LX}[3 - 4(\frac{a}{L})^2] - 1 \qquad (3-42)$$

4. 端部弯矩

端部弯矩示意图如图 3-27 所示。

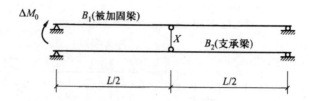

图 3-27 端部弯矩示意图

在弹性支点处的力法方程如下：

$$\frac{\Delta M_0 L^2}{12B_1}[2 - \frac{3}{2} + \frac{1}{4}] - \frac{XL^3}{48B_1} - \frac{XL^3}{48B_2} = 0 \qquad (3-43)$$

$$X = \frac{3\Delta M_0}{L} / (1 + \frac{B_1}{B_2}) \qquad (3-44)$$

$$\frac{B_1}{B_2} = \frac{3\Delta M_0}{LX} - 1 \qquad (3-45)$$

5. 中部楔顶

中部楔顶示意图如图 3-28 所示，所谓中部楔顶就是在支承梁与被加固梁之间打入钢楔顶升，既可施加预顶力，又可使二者接触紧密。楔顶量为 $\Delta = \Delta_1 + \Delta_2$，在弹性支点处的力法方程如下：

$$\frac{XL^3}{48B_1} + \frac{XL^3}{48B_2} = \Delta$$

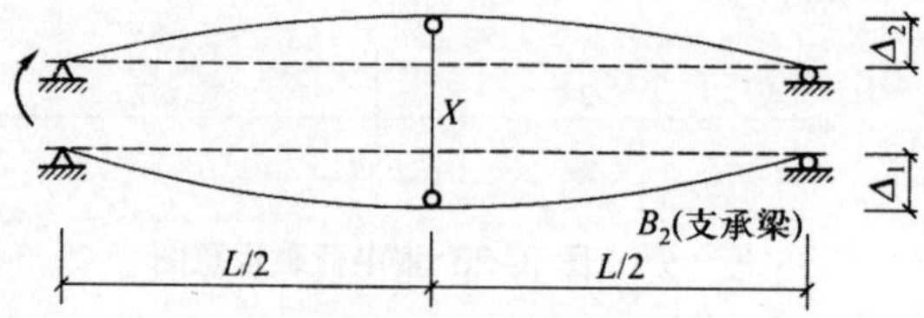

图 3-28 中部楔顶示意图

$$X = \frac{48\Delta B_1}{L^3} / (1 + \frac{B_1}{B_2}) \qquad (3-46)$$

$$\frac{B_1}{B_2} = \frac{48\Delta}{L^3 X} B_1 - 1 \tag{3-47}$$

中部楔顶是充分发挥弹性支点加固潜力的有效手段，可使支承结构做得非常轻巧。

（四）弹性支点加固结构计算步骤

弹性支点内力计算步骤如下：

①计算并绘制原梁的内力图(M_1)，如图 3-29a 所示；

②计算并绘制原梁在新增荷载下的内力图（M_2），如图 3-29b 所示；

③确定原梁所需要的卸载值：$\Delta M = \sum\limits_{i}^{2} M_i - M_u$，并由此求出相应的弹性支点力值；

$X = \dfrac{4\Delta M}{L}$，如图 3-29c 所示；

④根据 X_1 的大小及施工时原梁所承受的荷载量，确定是否需要对撑杆施加预顶力。如需要，则确定预顶力的值(X_2)。

⑤用多余未知力代替支承结构与原梁之间的多余联系，形成基本体系。

⑥根据加固后施加的荷载及预应力撑杆的预顶力（将预顶力视作外力作用在原梁的顶承点），并根据其具体的支承结构，求出 Δ_q、δ_1。

⑦将 Δ_q、δ_1 及 $X = X_1 + X_2$ 代入式（3-33），求解方程可得到加固杆件的截面特征值。

⑧根据截面特征值及内力，对加固结构按相应规范进行设计。

⑨计算预应力撑杆的顶撑控制量（方法同刚性支点）。

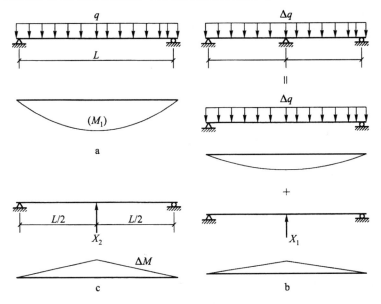

图 3-29 原梁荷载图及内力图

四、增设支点法构造设计

新增设的支柱、支撑上端与原被加固梁相连接，下端与基础或梁（或柱）相连接。连接方法有湿式连接和干式连接两种。湿式连接是指在支承点或固定点的相应部位用钢筋箍和后浇混凝土围套，将支承结构与被加固结构结为一体。干式连接指在支承点或固定点的梁或柱截面上用型钢箍或螺栓箍箍结，再将支承结构与型钢箍焊接，使之结为一体。

（一）支柱上端与原梁（柱）连接

1. 湿式连接

当支承结构为后浇钢筋混凝土时，支柱上端与原梁（柱）连接可采用湿式连接，其构造如图 3-30 所示。

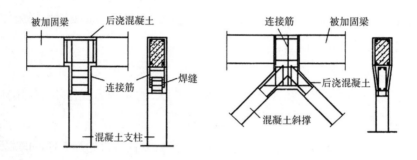

图 3-30 钢筋混凝土套箍湿式连接

2. 干式连接

当采用型钢支柱、支撑作为支承结构时，可采用干式连接，其构造如图 3-31 所示。

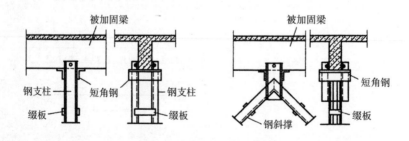

图 3-31 型钢套箍干式连接

（二）支柱下端与基础或原梁（柱）连接

对于增设支点加固法新增的支柱、支撑的下端连接，若直接支承于基础，可按一般地基基础构造处理；若斜撑底部以梁、柱为支承时，可采用以下构造处理。

1. 湿式连接

当支承结构为后浇钢筋混凝土时，支柱下端与基础或原梁（柱）连接可采用钢筋混凝土围套连接的湿式连接，其构造如图 3-32 所示。对于受拉支撑，其受拉主筋应绕过上、下梁（柱），并采用焊接。

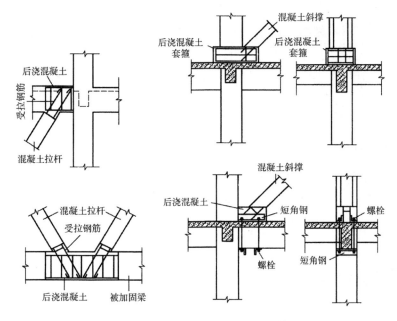

图 3-32　钢筋混凝土套箍湿式连接

为了保证湿式连接梁（柱）的整体刚度，被连接部位原梁（柱）的混凝土保护层也应全部凿除，露出箍筋。其连接部位可采用钢筋箍，钢筋箍可做成封闭型，应外包整个柱截面；其连接部位也可采用以短角钢用螺栓锚固于梁根部，再将受压斜撑的外伸受力钢筋与短角钢焊接，最后浇筑混凝土使之结为一体。箍筋的直径应由计算确定，但不应少于 2 根直径为 12 mm 的钢筋，节点处后浇混凝土的强度等级不应低于 C25。在节点处及支柱与混凝土的接触面应进行凿毛，清除浮渣，洒水湿润，一般以膨胀混凝土为宜，以加强新旧混凝土之间的黏结，形成整体协同工作。

2. 干式连接

当采用型钢支柱、支撑为支承结构时，可采用型钢套箍的干式连接，其构造如图 3-33 所示。

当采用型钢套箍干式连接时，型钢套箍与梁接触面间应用水泥砂浆坐浆，待型钢套箍与支柱焊牢后，再用较干硬的砂浆将全部接触缝隙塞紧填实。对于楔顶块顶升法，顶升完毕后，应将所有楔块焊接，再用环氧砂浆封闭。

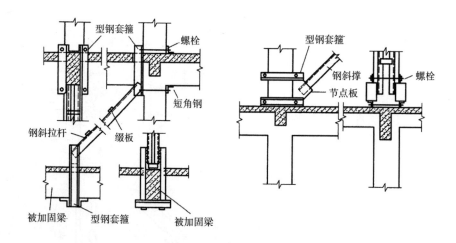

图 3-33 型钢套箍干式连接

五、托梁拔柱法加固设计

（一）设计计算内容和程序

托梁拔柱在一定范围内完全改变了结构的传力路径和计算简图，实际增大了结构构件的内力，其影响程度与结构性质有关。对于高次超静定结构（如框架结构），影响范围较大；对于静定结构或排架结构，影响范围较小。托梁拔柱结构的设计原则是：对于排架结构，被拔柱所受外力应全部由新增设的托架及侧向支撑承受；对于超静定结构，除由新增设的托梁（架）来承受外，也可考虑内力重分布来转移部分荷载，但需进行较大范围的结构加固处理。托梁拔柱设计应包括荷载传递转移路径的确定、托梁及支撑设计计算、相关柱子和地基基础的加固设计计算，还应包括施工阶段的承载力和稳定验算等。这些计算相互影响，需反复计算比较才能确定较优方案。托梁拔柱设计计算的一般程序如下：

①计算拔柱前原结构的内力；

②根据实际受力情况和新的使用要求确定新的荷载传递路径；

③确定按被拔柱所受轴向力全部转由托梁（架）承受，并据此进行托梁（架）设计，承受的水平力全部转由侧向支撑承受，并设计侧向支撑；

④按托梁拔柱后新的荷载传递路径计算结构内力；

⑤按计算所得内力对相关柱子及地基基础进行加固设计；

⑥根据具体施工方案和实际受力情况，对结构在施工阶段的强度和稳定性进行验算。

（二）构造要求

托梁拔柱设计构造要求如下：对于设置托架方案，托架两端在旁柱上的支承固定一般采用现制牛腿来实现，旁柱上端若为薄壁工字形截面时，也可直接开凿孔洞支承。牛腿在钢筋混凝土柱上的生根一般采用外包封闭式钢板套箍，为增强套箍的抗剪能力，套箍应与柱主筋焊接，或者附加应力螺栓或打孔穿入方钢销等。当为钢柱时，牛腿与柱可直接焊接。对于不设托架的墙梁，一般采用双面钢筋网混凝土夹板墙对原梁与原（砖）墙加固，使之组合为一根墙梁。墙梁底部配筋应结合旁柱的加固一道处理。

第四章 建筑结构加固改造新技术应用研究

第一节 建筑结构新技术实验进展

一、ECC 材料研究进展

（一）概述

ECC（高性能纤维增强水泥基材料）是 Engineered Cementitious Composites 的简称，是一种基于微观力学设计的、在单轴拉应力作用下表现为多缝开裂的高韧性高耐久性乱向分布短纤维增强水泥基复合材料。与普通混凝土相比，ECC 材料具有良好的承载能力和耗能特性。ECC 的应变能力一般能够超过 3%，最高可达 8%，耗能能力是常规纤维混凝土的 3 倍。同时，其在拉力作用下裂缝状态呈现饱和多缝开裂特性，且最大裂缝宽度一般不大于 0.1mm。

ECC 理论研究始于 1992 年，最早使用 PE（聚乙烯纤维）作为增强纤维。1997 年开始 PVA（聚乙烯醇）被用于 ECC，其成本远低于 PE-ECC，目前国内外研究主要集中在 PVA-ECC 上。目前已开发并得到应用的 ECC 产品主要有可喷射 ECC、自密实 ECC、轻质 ECC（1g/cm³ 以下）、早强 ECC 等。鉴于目前单位质量的 PVA-ECC 成本是普通混凝土的 3 倍，一些学者开始研究低成本纤维增强 ECC，如 PP-ECC 等。

在实际应用方面，欧美发达国家和日本已经开始将 ECC 应用于桥面板、建筑物减震、基础工程的表面修复等领域。国内关于 ECC 的研究主要集中在试验阶段，部分在建水电站项目也将 ECC 投入应用。基于 ECC 在提高结构延性、耗能能力、耐久性等方面效果显著，ECC 在抗震结构、大变形结构、抗冲击结构和修复结构中有着广阔的发展前景。

1.ECC 的耐久性及其在工程中的应用

由于混凝土的低拉伸应变能力，混凝土结构极易产生非结构性裂缝（约占全部裂缝种类的 80%）。当混凝土开裂后，侵蚀性介质会通过裂缝渗透而使钢筋锈蚀，钢筋锈蚀后产生的膨胀应力将进一步导致脆性混凝土的保护层剥落，极大地影响了结构的耐久性。

试验表明，当用 ECC 取代普通混凝土后，结构的非结构性裂缝发展受到抑制，渗透性、保护层抗剥落性能均得到提高。戴建国等对聚丙烯纤维混凝土的塑性收缩裂缝进行了理论研究和试验，结果分析表明，乱向分布的短切聚丙烯、尼龙等合成纤维加入混凝土后，能有效提高混凝土的渗透性能、抗冻融性能及钢筋混凝土结构的耐腐蚀性能。

基于其良好的裂缝控制能力和耐久性，ECC在结构修复领域及桥梁结构中得到了应用，同时也展现了较好的长期性能。如日本岐阜辖区一座建于20世纪70年代的混凝土重力挡土墙墙体，由于碱骨料反应开裂后，采用喷射ECC和其他材料同时进行修补，对比发现，采用ECC进行裂缝修补的墙体裂缝宽度远小于采用其他材料修补的。2005年，日本滋贺辖区的中心枢纽渠道和富士山辖区的塞里丹诺灌溉渠道由于冲磨而遭到破坏后，用ECC对中心渠道和塞里丹诺渠道进行修补，目前尚未观测到裂缝，而之前曾采用普通砂浆和超高强聚合物砂浆进行渠道修补，修补部位于1个月后就能观测到裂缝；2002年，美国密歇根州一座公路桥梁的面板经多年使用后严重损毁，维修加固工程中大量使用ECC。2004年检测发现，采用ECC修复的桥面板工作状况良好，裂缝宽度控制在0.03mm以下；而同期采用普通混凝土修复的桥面板裂缝严重，裂缝高达数毫米。

2. ECC在耗能减震中的研究和应用

在抗震结构中，塑性铰区的能量吸收是耗散地震能的主要途径。格雷戈等对钢筋-ECC（R-ECC）梁构件进行抗剪周期循环试验发现，R-ECC梁构件发生剪切破坏时出现大量的细微斜裂缝，滞回环形状饱满，耗能能力强，剪切破坏类似于延性破坏；姚山等通过ETABS建模分析使用ECC前后某六层钢筋混凝土框架结构的地震响应变化表明，ECC可明显减小最大楼层位移及位移角，减震效果明显。

程智慧等采用ZEUSNL程序建模分析了ECC对混凝土框架结构在地震作用下倒塌安全储备的提升作用。将某四层框架的梁柱单元端部各15%的混凝土替换为ECC制成ECC框架，对比替换前的普通框架的抗震性能发现，ECC框架能够较为有效地避免混凝土压碎导致的端部破坏，同时梁中部出现屈服。ECC框架的倒塌安全储备系数比普通框架提高了约2.7倍。

刘籍蔚等采用ZEUSNL程序对某六层现浇钢筋混凝土框架结构进行PUSHOVER分析，共建立了普通钢筋混凝土RC框架、采用ECC的ECC框架和部分构件采用ECC的ECC/RC组合框架三种模型，其中ECC/RC组合框架在框架节点及底层柱根区域应用ECC，其余部位均使用普通混凝土。研究发现，ECC框架和ECC/RC组合框架能够有效提高框架结构的抗震性能，且ECC框架和ECC/RC组合框架对结构抗震性能提高相差不大。

目前存在的ECC耗能装置主要分为现浇式和预制式。ECC作为消能减震构件在高层建筑中得到了应用。例如，2007年日本横滨市某41层高层建筑将ECC用在主框架结构的连接梁上；东京市中心某95m的27层高层建筑内框架采用了54块预制钢筋-ECC耗能连接梁，提高了结构的耗能能力。

由于ECC具有较高的耗能能力，剪切破坏时呈现类延性特征，遭受地震破坏后的残余裂缝宽度很小，能大大减小地震后的修补费用等特点，ECC可以应用于抗震节点和抗震阻尼器。尤其在建筑工业化的背景下，目前的预制装配式结构的节点抗震性能依旧受到质疑，预制ECC抗震节点的开发和研究也具有较高的推广价值和应用前景。

3.ECC在结构加固方面的研究和应用

目前我国尚没有ECC在建筑结构加固中的应用实例，但是一些学者已经开始了相关的试验研究。

2013年邓明科等对ECC面层加固受损砖墙的抗震性能进行了拟静力试验研究，研究表明，对于未受损砖墙，ECC面层与砖墙体间黏结性能良好，采用ECC面层加固砖墙能有效限制墙体的开裂和破坏，改善砖墙的剪切脆性破坏，提高墙体的延性和损伤容限能力，经ECC面层加固后的砌体墙受压承载力也得到了提高。2015年邓明科发表了ECC面层加固受损砖墙的抗震性能研究结果。研究表明，ECC面层对砖墙具有良好的约束作用，可显著改善砖墙的变形能力，保证墙体在严重破坏时不会坍塌。试验过程中同时发现ECC面层与混凝土构造柱之间的黏结效果较差，无法充分发挥ECC的优异性能，采用锚栓可以提高ECC面层对砖墙的约束作用。

2015年张远淼等采用拟静力试验综合评价ECC用于修复震损剪力墙的有效性。研究表明，ECC修复后，剪力墙的承载力基本恢复，剪力墙的破坏模式由脆性破坏转化为延性破坏，墙体的耗能能力提高，能够有效避免剪力墙墙角混凝土的压溃和钢筋的屈曲。

在ECC面层加固砖砌体试验研究中，ECC面层加固方法能将结构构件的破坏模式由脆性破坏转化为延性破坏，提高结构的耗能能力；且相较于钢筋网水泥砂浆面层加固法，ECC面层加固法无须安装钢筋网和设置穿墙钢筋，施工简单，具有推广价值。但是目前关于ECC面层加固砌体结构的抗震性能研究中，ECC面层加固方法均为双面加固，但实际运用中，单面加固方法能有效避免破坏室内装修，在住宅加固中尤为适用。因此，ECC面层单面加固砌体结构的抗震性能还有待研究。

ECC是一种具有良好性能的耐久性材料，其在维修工程和基础设施建设中的应用也越来越多。虽然ECC在我国建筑结构中尚未投入使用，但是试验室研究和国外使用ECC的工程实例已经证明，ECC在提高结构延性、耗能能力、耐久性等方面效果显著，可以预见随着ECC价格的下降以及对ECC结构和构件研究的深入，ECC将在新工程和加固工程中得到广泛应用。

（二）ECC在日本的研究进展及工程应用

日本混凝土协会（Japan Concrete Institute，JCI）成立了关于韧性纤维水泥基复合材料（Ductile Fiber Reinforced Cementitious Composites，DFRCC）的研究委员会，以致力于研究这些韧性材料及其工程应用。该委员会引进了一些韧性材料进入日本，其中包括高性能纤维水泥基复合材料（High Performance Fiber Reinforced Cementitious Composites，HPFRCC），而ECC被归类为HPFRCC的一种。普通的韧性水泥基复合材料包括一些只在弯曲作用下表现出多缝开裂的纤维水泥基复合材料。日本土木学会（Japan Society of Civil Engineers，JSCE）于 2008 年发布了 HPFRCC 的设计及施工规范（试行），以规范该新材料在结构上的应用。

1.ECC 在日本的发展

由于 ECC 不使用粗骨料，通常只使用 2%～3% 体积比的短纤维作为增强材料。截至目前，多种纤维已经被尝试用来生产 ECC，这些纤维包括钢纤维、碳纤维和聚合物纤维。在后期的实践中，逐渐确定使用聚合物纤维作为增强材料。现在日本 ECC 中所使用的聚合物纤维材料主要为聚乙烯（简称 PE）、聚乙烯醇（简称 PVA）和聚丙烯（简称 PP）三种材料，三种材料的物理特性如表 4-1 所示，根据 ECC 的命名方式，分别被命名为：PE-ECC、PVA-ECC 和 PP-ECC。

表 4-1　纤维的物理特性

纤维	长度（mm）	直径（μm）	抗拉强度（MPa）	弹性模量（GPa）	密度（g/cm³）
PE	12	38	2700	120	0.98
PVA	12	43	1600	40	1.3
PP	12	36	482	5	0.91

（1）PE-ECC

PE-ECC（聚乙烯纤维增强工程水泥基复合材料）即在水泥基体中用聚乙烯（PE）纤维作为增韧材料。PE-ECC 属于 ECC 的早期的形式，其材料性能优异（如图 4-1），但是由于 PE 成本较高，制约了 PE-ECC 在实际工程中的应用。尽管 ECC 的韧性较强，但是其极限抗拉强度较低，通常为 3～5MPa。日本名古屋大学国枝等人成功研发出了极限抗拉强度超过 10MPa 的 PE-ECC，将 PE-ECC 的发展推上了一个新台阶。现阶段在日本 PE-ECC 主要向高抗拉强度和高抗压强度发展，以满足一些特种工程的需要。

（2）PVA-ECC

由于 PE 纤维造价昂贵，从 1997 年开始，美国密歇根大学的维克托教授等人开始使用聚乙烯醇（PVA）纤维作为增韧材料制成了性能同样优异的 PVA-ECC（如图 4-2），而其成本仅为 PE-ECC 的 1/8。经过近些年来的发展，PVA-ECC 在理论和试验研究方面均取得了长足发展。而日本的 HPFRCC 设计规范中记述的 ECC 也主要以 PVA-ECC 为主。PVA 属于亲水性化学高分子材料，其表面与水泥基体可发生化学反应而导致强烈的黏结。除此之外，PVA 纤维的抗拉强度和弹性模量都较高，使其非常适合用于 ECC 中作为增韧材料。日本应用于实际工程中的 ECC 也大多为 PVA-ECC，但是 PVA 纤维的成本仍然较高，在实际工程中大规模推广比较困难。

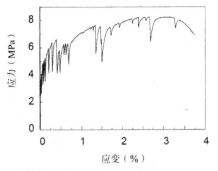

图 4-1 PE-ECC 拉伸应力 – 应变关系图

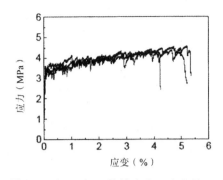

图 4-2 PVA-ECC 拉伸应力 – 应变关系图

（3）PP-ECC

目前为止，ECC 常用的多为具有高强高模的纤维材料，如 PVA 纤维、高强高模 PE 纤维等，但是高昂的成本使其距产业化还有较长的距离，高性价比将成为 ECC 未来的发展方向之一。与现在大多使用的 PE 与 PVA 纤维相比，聚丙烯（简称 PP）纤维成本更低、更柔软、更容易分散，从而具备更好的和易性。除此之外，PP 纤维广泛用于控制裂缝开展，防止保护层剥落，提高弯曲韧性以及提高火灾时的抗爆性等。但是，由于 PP 不具备—OH 等亲水基团，其本身为非极性并且与水泥基不发生化学反应，最初人们并不认为其适用于 ECC 中。2009 年平田等人将表面被化合处理过且增加了表面粗糙度的 PP 纤维（如图 4-3）添加进水泥基复合材料中。该材料在单轴拉伸下也表现出了应变硬化与细微裂缝多开裂现象（如图 4-4），并被命名为聚丙烯纤维工程水泥基复合材料（PP-ECC）。由于 PP 纤维的疏水性和非极性，PP-ECC 在碱性环境下比 PVA-ECC 具备更加优良的材料耐久性。

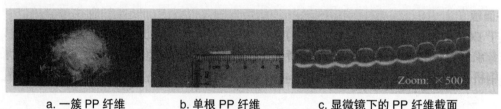

a. 一簇 PP 纤维　　　　　b. 单根 PP 纤维　　　　c. 显微镜下的 PP 纤维截面

图 4-3 聚丙烯（PP）纤维

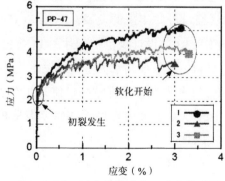

图 4-4 PP-ECC 拉伸应力 – 应变关系图

尽管 PP-ECC 出现较晚，却已经在 2010 年世界最大的模拟地震振动台实验中被成功应用于一个足尺比例的桥墩塑性铰中（如图 4-5），用于验证下一代高韧性耐震 RC 桥墩的抗震性能，在与之前普通钢筋混凝土相同激振对比下，使用 PP-ECC 塑性铰的桥墩展示出了优良的损伤容限与韧性，为日本下一代高韧性耐震 RC 桥墩的开发打下了基础。

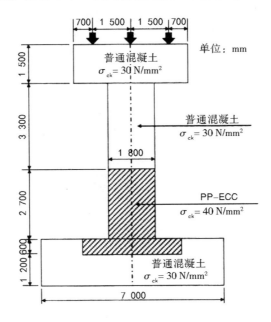

图 4-5 PP-ECC 塑性铰桥墩概况

2.ECC 的应用

近期日本的建筑工程中都利用了 ECC 优良的材料特性以及细微裂缝的多缝开裂特征。ECC 的具体应用主要集中在以下几方面：

①桥面板铺装。通过利用 ECC 的拉伸能力来改善桥面板的抗疲劳性能；

②钢筋混凝土建筑中的阻尼器。在地震时 ECC 可以增大建筑能量吸收并减小震动，以及震后减小维修工作；

③大坝及灌溉渠的表面修复。ECC 可以保护已经劣化的混凝土表面；

④高架桥的表面修复。ECC 可以延缓混凝土表面炭化。

（1）建筑结构中的阻尼单元

包含钢筋的 ECC 结构单元在往复荷载下具有较大的能量吸收能力。如图 4-6 所示，ECC 结构单元被用于建筑结构之中作为阻尼单元，该阻尼单元可以通过较小变形来有效地吸收能量，因而使其非常适合刚度较高的钢筋混凝土结构。ECC 阻尼单元已经在 2004 年和 2005 年被成功应用于东京和横滨的高层建筑之中。在这些建筑中，ECC 阻尼单元与高层建筑框架相连接，从而通过 ECC 阻尼单元吸收更多能量，同时承受较大变形，减小震后的修复工作。为了设计出考虑结构反映的阻尼单元，1/2.5 比例尺的 ECC 阻尼单元试件被建造并用于剪切试验。实验结果表明，ECC 阻尼单元具有更高的抗剪强度和刚度保持能力，在侧向位移达到 4% 时仍具有 80% 抗剪能力，并且在循环往复荷载试验中加载后的裂缝宽度小于 0.3mm。

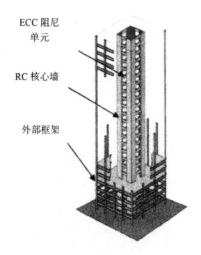

ECC 阻尼单元

RC 核心墙

外部框架

图 4-6 日本横滨使用 ECC 阻尼单元的高层建筑

（2）大坝表面修复

由于 ECC 具有优异的控制裂缝开展能力，ECC 常用作结构物的罩面层，以抵御雨水侵蚀。日本广岛县的一座重力混凝土坝出现了混凝土劣化带来的开裂、破碎甚至漏水等现象。在 2003 年，30m³ 的 ECC 被喷在约 500m² 的混凝土上游坝体表面，厚度为 30mm，用作坝体表面的罩面层以保护既存坝体已劣化的混凝土表面。加固坝体表面每 1.5m² 的间隔被打入锚具以增强 ECC 与坝体表面的黏结。

（3）灌溉渠表面修复

在日本，大量的已经使用了几十年的灌溉渠表面都发生了严重的混凝土劣化现象。在滋贺县中央主渠的表面混凝土发生了严重劣化，以致沟渠表面裸露了大量的粗骨料，甚至一些骨料已经剥落，并伴随着大约 1mm 宽、1m 长的裂缝。修复工作开始前，首先用高压水枪对混凝土表面进行清洗以去除已经劣化的砂浆，并对侧壁接缝处用砂浆进行填补；然后将 ECC 通过抹面或喷射的方式置于侧壁；最终 6mm 和 10mm 厚度的 ECC 分别覆盖了灌溉渠的侧壁和底部。通过该修复工作发现喷射作业比抹面作业施工速度提高了 2 到 3 倍。除此之外，普通水泥砂浆和高强聚合物水泥亦被用于修复该渠以对照 ECC 的修复效果。在修复一个月以后，使用普通水泥砂浆和高强聚合物水泥的部分有裂缝发生，但是 ECC 修复部分未观察到任何开裂情况。

（4）挡土墙表面修复

由于 ECC 具有控制细微裂缝开展的能力，使其适用于已开裂的混凝土结构表面。在日本岐阜县一座建于 20 世纪 70 年代的混凝土边坡墙（长 18m，高 5m）由于碱性骨料反应而开裂严重。该墙于 1994 年通过向裂缝中注入树脂黏合剂和墙体表面覆盖有机涂层进行了修复。而后的修复材料也发生了开裂，于是 2003 年使用 ECC 对墙体进行了进一步修复。为了保证修复后不再出现严重开裂，施工时在墙体表面喷上了一层厚度为 50 ~ 70mm 的 ECC 罩面层。在完工后 7 个月内未观测到裂缝，在完工后第 10、24 个月裂缝宽度开展分别不超过 0.05mm 和 0.12mm。

（5）高架桥表面修复

由于 ECC 具有较低的空气和水渗透率，ECC 被作为罩面层用于修复混凝土表面，从而延缓炭化过程。传统的抗炭化有机涂层在车辆荷载的作用下容易发生开裂，因此 10mm 厚度的 ECC 被喷射于高架桥已有弯曲裂缝的梁表面，同时锚具被用于增强 ECC 和既有结构的黏结。

ECC 从问世以来，由于其性能优越，已经获得较为广泛的研究，并在日本进行了一些工程应用。

从 ECC 材料在日本的发展情况来看，PE-ECC 成本最高，但是近几年新研发出的 PE-ECC 表现出了较为优异的材料性能，使其可以应用于一些特种工程之中；PVA-ECC 相关的研究最为广泛，现在使用较为广泛的仍然是 PVA-ECC，但是其高成本制约了工程应用；PP-ECC 出现最晚，其在日本的工程中应用较少，但是其作为成本最低的 ECC 却具备大规模应用的可能。由此可见，如何降低 ECC 的造价仍然是未来 ECC 最重要的发展方向之一。

从日本的应用情况来看，ECC 最开始应用于结构物的修复中，如桥面板、大坝表面、铁路高架桥、灌溉渠表面、挡土墙、公路隧道等。钢筋 ECC 用于梁、柱、梁柱节点和阻尼结构单元方面，近年来人们开始对钢筋 ECC 构件在桥梁塑性铰区等基础设施承重结构的特殊区域中应用进行探索。目前研究结果表明，ECC 可以极大地提高结构的延性，减小结构损伤，在抗震结构中作为承重部件的应用也是未来研究的重中之重。

二、FRP 材料研究进展

FRP 是纤维增强复合材料的统称。所谓复合材料是由增强体和基体构成的，根据复合材料中增强体的几何形态，可以分为纤维增强复合材料、颗粒增强复合材料、薄片增强复合材料和叠层增强复合材料四种。FRP 中的基体种类有：树脂基体、金属基体、陶瓷基体和碳素基体等；纤维种类有：玻璃纤维、碳纤维、芳纶纤维、玄武岩纤维、聚烯烃纤维以及金属纤维等。由于组分不同，FRP 的性能会有很大的差别。目前土木工程中常用的 FRP 材料主要有树脂基体的玻璃纤维（GFRP）、碳纤维（CFRP）、玄武岩纤维（BFRP）和芳纶纤维（AFRP）。它们的力学性能参数变化范围很大，因此在工程中有很大的灵活性，具有可设计性。FRP 加固混凝土结构可提高建筑结构的强度与延性，已被国内外各种结构试验证实。目前，FRP 被广泛用于加固混凝土梁、板、柱甚至砌体结构与钢结构等，FRP 加固与传统的黏钢加固相比减少了自重与结构服役期间的维修费用、缩短了工期、减小了施工时对交通的阻断与干扰，并提高了结构的耐久性。

（一）FRP 材料的特点及优势

FRP 材料的性能与传统结构材料有很大差别，只有了解和掌握 FRP 材料的优缺点，才能在工程结构应用中充分发挥它的优势，避免其不足。

FRP 具有以下优点：

①有很高的比强度，即通常所说的轻质高强，因此采用 FRP 材料可减轻结构自重。在桥梁工程中，使用 FRP 结构或 FRP 组合结构作为上部结构可使桥梁的极限跨度大大增加。理论上，用传统结构材料的桥梁极限跨度在 5 000m 以内，而上部结构使用 FRP 结构的桥梁极限跨度可达 8 000m。有学者已经对主跨度长达 5 000m 的 FRP 悬索桥进行了方案设计和结构分析。在建筑工程中，采用 FRP 材料的大跨度空间结构体系的理论极限跨度要比采用传统材料的大 2 ~ 3 倍，因此，采用 FRP 结构和 FRP 组合结构是获得超大跨度的重要途径。

②有良好的耐腐蚀性。FRP 可以在酸、碱、氯盐和潮湿的环境中长期使用，这是传统结构材料难以比拟的。而在化工建筑、盐渍地区的地下工程、海洋工程和水下工程中，FRP 材料的耐腐蚀优点已经得到证实。一些发达国家已经开始在寒冷地区和近海地区的桥梁、建筑中较大规模地采用 FRP 结构或 FRP 配筋混凝土结构以抵抗除冰盐和空气中盐分的腐蚀，极大地降低了结构的维护费用，延长了结构的使用寿命。

③具有很好的可设计性。FRP 属于人工材料，可以通过使用不同的纤维材料、纤维含量和铺陈方向设计出各种强度指标、弹性模量以及特殊性能要求的产品。另外，FRP 产品成型方便，形状可灵活设计。

④其他优势。FRP 具有透电磁波、绝缘、隔热、热胀系数小等特点，使其在一些特殊场合能够发挥难以取代的作用，如雷达设施、地磁观测站、医疗核磁共振设备结构等。

（二）FRP 纤维增强复合材料的性能

1. 抗弯加固性能

在混凝土结构的受拉区粘贴 FRP 可有效提高其承载能力，抑制裂缝扩展。FRP 加固后混凝土结构的破坏特征与普通混凝土结构以及黏钢加固的混凝土结构有较大的区别，其承载力的计算方法也不相同。国内外学者的研究主要集中在 FRP 加固混凝土梁的抗弯性能、破坏形态、承载力计算、影响参数以及 FRP 加固后混凝土梁的截面变形、裂缝开展等方面。近几年来，不少学者对负载状态下 FRP 加固梁展开了受力性能试验研究和理论分析，试图建立考虑二次受力的抗弯承载力计算方法、滞后应变及跨中挠度的计算公式。

2. 抗剪加固性能

在混凝土梁的受剪区侧面粘贴 FRP 能有效提高其抗剪能力，工程中常用的受剪加固方法有侧面粘贴、U 形粘贴和包裹粘贴三种，其中以包裹粘贴效果最好。影响 FRP 抗剪加固性能的主要参数有梁的配箍率、混凝土强度、FRP 配筋率、梁的剪跨比、FRP 的粘贴方法与锚固性能、FRP 及黏结胶本身的材料性能等。目前，国内外对抗剪加固的研究主要包括破坏机制和承载力计算等方面，其中承载力计算的理论模型一般是在钢筋混凝土构件桁架理论模型的基础上，增加FRP对抗剪承载力的贡献项。

3. 抗震加固性能

通过外包FRP约束塑性铰区混凝土以提高混凝土的极限压应变，可提高构件延性，有利于结构的抗震加固。目前国内外不少学者进行了外包FRP加固混凝土柱、梁、柱节点乃至框架的抗震性能试验研究、理论分析和工程应用研究，提出了相应的FRP约束混凝土应力－应变关系的计算模型。研究表明，侧向约束模量和侧向约束强度是影响FRP约束混凝土结构延性特征和滞回耗能性能的两个重要参数。此外，肖岩等在钢管混凝土和套管混凝土的研究基础上，首次提出了约束钢管混凝土的概念，在这种新型钢管混凝土柱中，为增强结构的抗震性能，在可能出现塑性铰的部位设置了FRP横向附加约束。附加套箍能有效地防止或延迟钢管混凝土柱中通长的钢管在塑性铰区域发生局部屈曲，提高结构的承载性能与延性，从而改善抗震性能。

4. 抗疲劳加固性能

FRP片材加固构件的疲劳分为弯曲疲劳和剪切疲劳两种，根据荷载形式又可分为常幅荷载和变幅荷载下的疲劳问题。FRP片材加固构件的疲劳强度除了与原有混凝土结构的抗疲劳能力有关外，还与FRP加固部分的疲劳断裂能力以及FRP片材与混凝土界面的抗疲劳破坏能力有关。混凝土抗弯疲劳理论可以用来评价原有混凝土结构的抗疲劳能力，FRP片材自身的抗疲劳能力可以通过材料力学试验解决，但关于FRP片材与混凝土界面的抗疲劳破坏能力的研究积累甚少，目前仅有少量试验结果。这些研究表明，在重复、移动荷载作用下，界面的黏结能力有下降的趋势。

5. 耐久性加固性能

（1）FRP耐久性

对FRP在不同温度、湿度、酸碱环境下的性能研究表明，经过温度与湿度暴露后，FRP的弹性模量、抗拉强度、极限应变没有降低；FRP在经过温度循环后，弹性模量和抗拉强度没有下降，但延性降低，有脆化的趋势。碱性介质对高强复合玻璃纤维材料的抗拉强度基本没有影响，而在酸性介质中存放短时间后，试件的抗拉强度有所下降，但经过较长一段时间后强度又有所回升，两种腐蚀介质对FRP的拉伸弹性模量影响不大。

（2）FRP与混凝土黏结耐久性

研究FRP与混凝土之间界面性能的试验方法有多种，如张拉黏结强度试验、剪切黏结强度试验、梁试验、修正梁试验，试验方法不同对所得到的黏结强度有不同程度的影响。张拉和剪切黏结强度试验方法比较简单，被广泛采用。研究表明，酸对FRP与混凝土黏结界面的影响比碱严重；采用FRP加固受到冻融损伤的混凝土结构时，FRP与混凝土的黏结强度会有所下降；采用FRP加固受到冻融循环影响的混凝土结构时，FRP与混凝土结构的黏结强度会降低；在FRP与混凝土结构产生同样的相对滑移时，受到冻融循环影响的FRP与混凝土的黏结力比未经受冻融循环影响的FRP与混凝土的黏结力有较大幅度的下降。

（三）FRP在房屋建筑加固中的应用

1.FRP加固柱

FRP加固柱的形式包括外包FRP布或FRP条。其具体方式有全包裹、不连续间隔缠绕包裹、连续缠绕包裹等。沿柱进行加固时，FRP沿环向缠绕，并用环氧树脂将FRP与旧混凝土黏结，这样对混凝土就形成了约束作用。早期约束混凝土的形式主要为箍筋约束混凝土，由于FRP优越的材料特性，近年来国内外许多研究者对FRP约束混凝土进行了研究，结果表明，FRP约束混凝土柱能显著提高柱的承载力，同时柱的延性也有较大的改善。与箍筋约束混凝土类似，FRP约束混凝土柱也是一种被动约束，随着混凝土轴向压力的增大，横向膨胀使外包复合材料环向伸长，产生侧向约束力。约束机制取决于两个因素，即混凝土横向膨胀性能与外包复合材料的环向刚度。

2.FRP加固墙体

FRP加固墙体主要用于砌体墙及剪力墙。砌体墙的抗拉、抗剪、抗弯强度都较低且自重较大，许多砌体结构在最初设计时，只考虑了重力荷载和风荷载，没有考虑地震荷载。从总体上看，砌体房屋抗震性能较差，一旦发生地震，其震害较为严重。因此，对砌体墙进行抗震加固是十分必要的。用FRP防止及修补裂缝墙体来提高砌体结构的抗震能力，是如今应用较好的一种方法。由于墙体既受弯又受剪，在考虑地震作用的情况下，需对墙体同时进行抗弯、抗剪加固和抗震加固，一般的加固方法为沿墙体斜向交错的粘贴纤维材料，以同时起到抗弯、抗剪的作用。

3.FRP加固钢筋混凝土楼板

在大多数情况下钢筋混凝土楼板都表现出很好的耐久性，能很好地完成设计所设定的功能，但在其使用过程中，也会出现一些情况需要对其加固，最常见的就是结构功能改变或需要提高它的承载力。FRP加固钢筋混凝土楼板的特点如下：根据FRP的性质不同，以及它们的粘贴方式不同，楼板弯矩承载力的增加程度也不相同，最高可提高到300%；楼板加固后，其破坏模式会有很大的变化，普通钢筋混凝土板的破坏模式是有延性的钢筋拉屈破坏，而加固后的楼板延性大大降低，主要表现方式是FRP材料从板上突然剥落下来或FRP突然断裂。根据钢筋混凝土板的受力特点及钢筋配置形式，可沿板的纵横向粘贴FRP条，因为板的受力状态是双向的，而且应限制FRP条设置的净距，一般该净距保持在250～300mm为宜。

FRP复合材料的发展空间是巨大的，同时前景也不错。在研究和应用时需要注意以下几个方面：首先，在应用单一品种的FRP复合材料的基础上，要更加重视不同性能的FRP复合材料的混合，混合后的特性以及改变性能的状况都要留意，还要努力克服FRP复合材料的弱点，发挥其长处，这样才能更好地适应现代工程的加固要求，以满足社会的需要。其次，高强高性能是FRP复合材料的一大优点，因此，要将有力的措施应用于结构的加固中。采取预应力，让FRP在施工方面的研究更加深入，结构设计更加灵活，这样才能满足更高标准的加固补强要求。最后，要解决有关FRP复合材料的开发和研制工作，如筋、索、棒材这些设备的开发。

三、钢筋混凝土梁出现受力裂缝后的加固计算方法研究

近阶段，现浇钢筋混凝土结构工程频频出现构件裂缝的情况，究其成因有多种，其中包含受力类裂缝，如因上部超载而导致的地下室顶板、梁开裂，严重者甚至出现地下室局部垮塌等工程质量事故。下面就钢筋混凝土梁出现受力裂缝后如何进行加固计算进行研究探讨。

（一）钢筋混凝土梁裂缝的鉴定

1.钢筋混凝土梁的典型裂缝

根据大量检测、鉴定工作经验，钢筋混凝土梁的裂缝主要有以下几种情况：

①梁侧面部位出现多道竖向分布的裂缝，裂缝呈两端窄、中间宽的枣核状，其中部分梁侧面裂缝延伸至梁底形成 U 形裂缝，见图 4-7 所示。

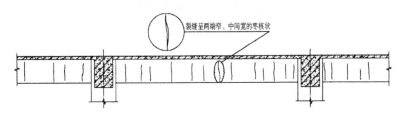

图 4-7 梁收缩类裂缝示意图

②梁跨中由底部开展并向梁侧面延伸的裂缝，在梁底部裂缝宽，在梁侧面向上呈逐渐变窄状，见图 4-8 所示。

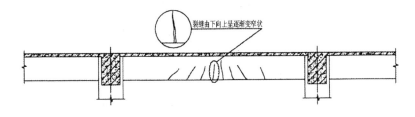

图 4-8 梁跨中受弯裂缝示意图

③梁两端部出现倒"八"字形的斜向裂缝，裂缝呈上部稍宽、下部稍窄状，见图 4-9 所示。

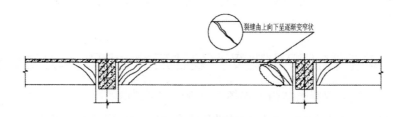

图 4-9 梁端部受剪裂缝示意图

2. 裂缝的分析鉴定

对上述三种典型裂缝的成因简要分析如下：

①第一种裂缝类型。其裂缝分布位置沿梁近似呈均匀分布，并未表现出与梁受力明显相关的特征，且裂缝的宽度状态在梁侧面呈两端窄、中间宽的枣核状，该类梁裂缝主要是混凝土材料的收缩所致的，属于收缩类裂缝。

②第二种裂缝类型。其裂缝主要分布于梁跨中部位，裂缝的宽度状态是底部宽、向上逐渐变窄，表明裂缝首先是在梁底部开展，再逐渐向上延伸，上述特征均与梁跨中受弯开裂明显相对应，该类裂缝是受力类裂缝。

③第三种裂缝类型。其裂缝主要分布于梁的两个端部，呈倒"八"字形斜向开展，裂缝的宽度状态是上部稍宽、下部稍窄状，上述特征与梁支座部位斜截面受剪和负弯矩共同作用的受力特征相对应，特别是当在支座部位梁顶面出现较为明显的裂缝时，负弯矩在共同作用中的贡献更不能忽视，该类裂缝是受力类裂缝。

（二）加固计算方法

钢筋混凝土梁出现受力类裂缝的主要原因是超载、重物跌落撞击、覆土超高或重车碾压等，根据现行《混凝土结构加固设计规范》（GB50367—2013）的要求，对承载力不足引起的裂缝，除应进行修补外，还应采取适当的加固方法进行加固。

现阶段，对钢筋混凝土梁出现受力类裂缝后，承载能力下降幅度的量化值如何确定，即原有混凝土和钢筋是否仍参与后续的加固计算，或者进行一定的折减后再参与加固计算尚不明确。就此问题，下面对钢筋混凝土梁出现受力类裂缝后如何进行量化的加固计算，提出了以下思路。

1. 斜截面受剪加固计算

根据现行设计规范"强剪弱弯"的基本原则，适筋梁应首先充分发挥其抗弯承载能力，并在梁两端部形成塑性铰。但当梁构件首先在两端部出现斜裂缝，表明其抗剪或抵抗支座负弯矩的能力不足，且由于梁两端先于跨中开裂破坏，整个钢筋混凝土梁无法再形成图 4-10 所示的两铰拱模型，对该构件的安全性将造成不利影响。因此，对于钢筋混凝土梁端部出现倒"八"字形斜裂缝后的加固应引起充分的重视。

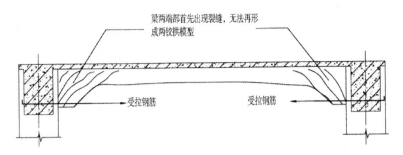

图 4-10　混凝土梁的两铰拱受力模型

结合《混凝土结构加固设计规范》和《混凝土结构设计规范》，加固后构件的抗剪设计值 V 可以表达成以下形式：

$$V = \alpha_{cv} f_t b h_0 + \gamma_s f_{yv} \frac{A_{sv}}{s} h_0 + V_b \qquad （4\text{-}1）$$

式中，V_b 代表由于加固所新增加的抗剪设计值部分，γ_s 为自定义的既有钢筋参与加固计算的折减系数。

由于在梁两端部均出现较为明显的裂缝破坏，因此可将混凝土抗拉强度视为 0，即不再考虑混凝土参与加固计算。

对于既有钢筋部分，本书提出根据计算钢筋应力与钢筋强度设计值之间的对比，判定既有钢筋是否继续参与加固计算。

$$V(S) - \alpha_{cv} f_t b h_0 = \sigma_s \frac{A_{sv}}{s} h_0 \qquad （4\text{-}2）$$

式中，$V(S)$ 代表导致产生裂缝荷载条件下的构件剪力包络值，扣除混凝土所能抵消的部分，认为剩余部分全部由钢筋承担，由此可计算钢筋应力（σ_s）。

当 $\sigma_s \leqslant f_y$ 时，则取 $\gamma_s = 1.0$；当 $\sigma_s \geqslant f_{stk}$ 时，则取 $\gamma_s = 0.0$；当 $\sigma_s \in （f_y，f_{stk}）$ 时，按线性内插法确定 γ_s。

既有钢筋参与加固计算的折减系数确定后，再根据式（4-1）进行相应的加固计算。

斜截面抗剪加固后的剪力设计值应满足以下条件：

当 $\dfrac{h_w}{b} \leqslant 4$ 时，$\gamma_s f_{yv} \dfrac{A_{sv}}{s} h_0 + V_b \leqslant 0.25 \beta_c f_c b h_0$；

当 $\dfrac{h_w}{b} \geqslant 6$ 时，$\gamma_s f_{yv} \dfrac{A_{sv}}{s} h_0 + V_b \leqslant 0.20 \beta_c f_c b h_0$；

当 $4 < \dfrac{h_w}{b} < 6$ 时，按线性内插法确定 V_b。

2. 正截面受弯加固计算

针对梁跨中产生受弯裂缝后的加固计算，结合《混凝土结构加固设计规范》和《混凝土结构设计规范》，加固后构件的抗弯设计值（M）可以表达成以下形式：

$$M = \alpha_1 f_c bx(h - \frac{x}{2}) + f'_y A'_s(h_0 - a'_s) - \gamma_s f_y A_s(h - h_0) + f'_{sp} A'_{sp} h \quad （4-3）$$

$$\alpha_1 f_c bx = (\psi_{sp} f_{sp} A_{sp} - f'_{sp} A'_{sp}) + (\gamma_s f_y A_s - f'_y A'_s) \quad （4-4）$$

式中，f_{sp}、f'_{sp}——加固钢板的抗拉、抗压强度设计值（N/mm²）；

A_{sp}、A'_{sp}——受拉钢板和受压钢板的截面面积（mm²）；

ψ_{sp}——考虑二次受力影响时，受拉钢板抗拉强度折减系数；

γ_s——自定义的既有钢筋参与加固计算的折减系数。

$$M(S) = \alpha_1 f_c bx(h_0 - \frac{x}{2}) + f'_y A'_s(h_0 - a'_s) \quad （4-5）$$

$M(S)$ 代表导致产生裂缝荷载条件下的构件弯矩包络值，首先计算出 x。

若 $x < 2a'_s$，则令

$$M(S) = \sigma_s A_s(h_0 - a'_s) \quad （4-6）$$

若 $x > \xi_0 h_0$，则令

$$\alpha_1 f_c b \times 0.85 \xi_0 h_0 = \sigma_s A_s - f'_y A'_s \quad （4-7）$$

若 $2a'_s \leqslant x \leqslant \xi_0 h_0$，则令

$$\alpha_1 f_c bx = \sigma_s A_s - f'_y A'_s \quad （4-8）$$

按上述式（4-6）、式（4-8），可计算得出钢筋应力，再根据判定方法，确定既有钢筋参与加固计算的折减系数，最后根据式（4-3）和式（4-4）进行相应的加固计算。

（三）加固方法

目前针对钢筋混凝土梁出现正截面受弯裂缝破坏和斜截面受剪裂缝破坏情况，常用的加固方法主要有：增大截面法、外包型钢法、外粘钢板法和粘贴纤维复合材法。

外包型钢法、外粘钢板法和粘贴纤维复合材法对原构件截面尺寸影响较小，适用于对原构件截面尺寸有较高控制要求的加固处理；增大截面法适用于裂缝破坏较为严重、混凝土局部受压碎裂、钢筋屈服且对原构件截面尺寸控制无要求的情况，加固时，可同时配合对局部受压碎裂的混凝土进行剔除置换以及对屈服钢筋的置换处置。

用外粘钢板法和粘贴纤维复合材法加固后的正截面受弯承载力提高幅度不应超过40%，并应验算其受剪承载力，避免受弯承载力提高后导致构件受剪破坏先于受弯破坏。

综上，本书在现行规范的基础上，针对钢筋混凝土梁出现受力裂缝后如何进行具体的加固计算，以及原有混凝土和钢筋如何参与裂缝后构件的加固计算，提出了一种理论假设，并提出了既有钢筋参与加固计算的折减系数的概念和具体的取值计算方法。在后续研究中，将通过大量试验数据的统计及分析，进一步量化钢筋混凝土梁出现受力类裂缝后承载能力的下降幅度，为其加固计算提供更为准确的理论依据和数据支撑。

四、梁侧锚固钢板加固混凝土梁中钢板受压屈曲特性的数值模拟研究

目前梁加固法有梁底粘钢法和 CFRP 法等，但这两种方法对配筋率很高的梁来说可能导致混凝土梁超筋，容易在钢板或 CFRP 端部发生剥离破坏。但是通过采用植筋式锚栓或膨胀螺栓将钢板锚固在混凝土梁两侧的方法，即梁侧锚固加固钢板，不仅可以有效避免剥离破坏，而且相当于同时增加了受拉和受压纵筋，从而在显著提高梁抗弯承载力的同时，保持甚至提高梁的变形性能。然而，对于实际使用中的 BSP 梁来说，其梁侧钢板上部始终处于受压状态，当荷载施加到一定程度，受压区钢板就会因侧向起拱而发生屈曲破坏，从而导致整根 BSP 梁瞬间改变受力模式，发生脆性破坏，这显然违背了该加固方案的初衷。鉴于此，对梁侧锚固钢板的受压屈曲特性进行进一步的研究，并对屈曲限制措施进行探讨，具有非常重要的研究意义和切实的社会经济效益。

国内外已经有学者开始对 BSP 开展一些有针对性的研究。史密斯等人将受压等局部屈曲试验方法引入 BSP 梁侧锚固钢板的局部屈曲试验研究中，研究了不同螺栓布置条件下钢板屈曲模态的变化。同济大学龚玉玺等人就不同钢板厚度、不同加劲肋配置形式、受压区螺栓加密等因素对梁侧钢板屈曲承载力的影响进行了试验研究，但试件数量偏少，因而所得结论也偏于定性方面。虽然进行了相关的 ABAQUS 数值模拟，但仅仅模拟了各试件的屈曲模态，并未对试件进行位移加载模拟，也未考虑初始缺陷，因此该数值模拟还需进行进一步的改良，这对于论证试验结论的可靠性也相当必要。鉴于此，对 BSP 梁侧锚固钢板的受压屈曲特性及其随不同屈曲限制措施的变化规律进行深入的数值模拟研究，从而为 BSP 加固混凝土梁的设计及施工提供参考依据。

（一）数值模型建立

1. 几何模型及单元选取

在试验过程中，为研究梁侧锚固钢板屈曲特性随不同荷载形式、钢板厚度、螺栓间距及加劲肋布置形式等改变的规律，建立了 8 个试件，通过试验得到相应的规律。为了进一步验证和研究不同屈曲限制措施对钢板屈曲的影响，通过 ABAQUS 建立相关构件的数值模型，根据试验中构件的实际尺寸选择数值模型尺寸并预留植筋所需螺栓孔。其中混凝土块、加载钢条、螺杆、螺帽、垫片采用 C3D8R 单元类型，受压钢板加劲肋加载圆盘厚钢板采用 S4R 单元类型，部分试件的模型如图 4–11 和图 4–12 所示。

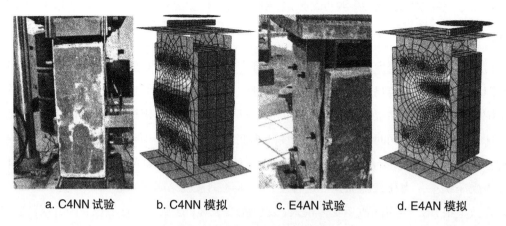

a. C4NN 试验　　　b. C4NN 模拟　　　c. E4AN 试验　　　d. E4AN 模拟

图 4-11 试验和模拟破坏模型对比

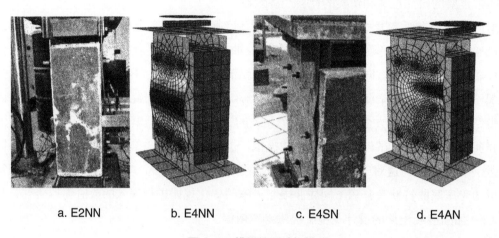

a. E2NN　　　　　b. E4NN　　　　　c. E4SN　　　　　d. E4AN

图 4-12 模拟结果破坏模型

2. 材料结构

混凝土密度取 2500kg/m³，弹性模量为 2.95×10^{10}N/m²，泊松比为 0.2。所有钢材密度取 7850kg/m³，弹性阶段弹性模量取 2.1×10^{11}N/m²，泊松比为 0.3。在塑性阶段，受压钢板、螺杆螺帽、垫片及 4mm×20mm 加劲肋依据试验取钢材 2 的数据，6mm×25mm、8mm×30mm 加劲肋取钢材 1 的数据，具体取值见表 4-2。

表 4-2 塑性阶段钢材材料应力 – 应变关系

钢材 1	应力（MPa）	602	703	730	736	739	739
	应变	0	0.000 75	0.002 47	0.003 93	0.005 97	1
钢材 2	应力（MPa）	302	302	438.21	438.21	—	—
	应变	0	0.018 56	0.2	1	—	—

3. 建模过程

在定义分析步时开启非线性以考虑模型的非线性；定义接触摩擦单元，并将各个部件之间定义为自接触以有效模拟各部件间的力学环境；整个分析过程分为 2 个 Step，通过在 Step-1 对螺杆长度进行调节和 Step-2 中施加相对于参考点的位移荷载以实现部件间的摩擦连接。先建立 Job-1 对模型进行 Buckle 分析，得到模型的屈曲模态；然后选取第一阶屈曲模态作为初始缺陷，建立 Job-2 采用 Static General 分析步进行位移加载分析。

（二）模拟与实验结果对比

经对比分析，试验和模拟在破坏模式上高度吻合。在加载初期均未发生明显屈曲，荷载随位移增加而增大，随后发生侧向起拱，随着位移增大刚度逐渐降低直至模型发生屈曲破坏。另外，钢板侧向起拱位置随屈曲约束条件不同而不同。

表 4-3 列出了实验和模拟所得的屈曲承载力，其中模拟采用初始缺陷为 2.15mm 时所得数据。由分析可知，屈曲承载力误差最大值为 11.1%，平均误差为 6.1%。因此，从试件的破坏模式和屈曲承载力来看，数值模拟的结果与试验结果吻合度很高，这充分论证了该模型的可靠性和有效性，从而可以在此基础上批量建立更多的有限元模型，以对梁侧受压钢板的屈曲特性进行更为全面而深入的探讨和研究。

表 4-3 试验与模拟的屈曲承载力

试件	试验屈曲承载力（kN）	模拟屈曲承载力（kN）	承载力误差
C4NN	309	306	10%
E4NN	144	149	3.50%
E4AN	233	228	2.10%
E6NN	266	269	1.10%
E4SN	314	347	10.50%
E4MN	464	508	9.50%
E4LN	603	670	11.10%
E4SS	318	350	10.10%
平均误差	6.10%		

(三) 参数分析

为充分研究不同屈曲限制措施 (增大钢板厚度、配置不同形式加劲肋、受压区螺栓加密等) 对钢板受压屈曲特性的影响以及屈曲特性对初始缺陷的敏感性, 建立了板厚 2.0mm、4.3mm、5.7mm 一系列的有限元模型, 并补充了 1.08mm、3.23mm、4.30mm 三种初始缺陷, 建立了 27 个有限元模型。

如图 4-13 所示, 钢板厚度、初始缺陷对模型最终的破坏模式影响较小, 而螺栓加密、是否偏心受压、加劲肋配置方式对模型的破坏模式有较大影响。偏心荷载作用下起拱区向偏心方向转移, 螺栓加密后屈曲仅发生在上部两排螺栓之间, 纵向加劲肋引起模型起拱区由钢板受压区向中部及受拉区转移, 横向加劲肋能有效抑制钢板中部区域的起拱从而使起拱区向上部转移。

如图 4-14 所示, 偏心受压使屈曲承载力大幅度降低, 板厚为 2mm、4.3mm、5.7mm 时屈曲承载力分别下降 34.1%、51.2%、42.2%。而增大板厚、螺栓加密、布置纵向加劲肋都能有效提高屈曲承载力, 以布置纵向加劲肋作用最为明显, 且纵向加劲肋尺寸越大提高效果越明显。以 4.3mm 厚钢板、初始缺陷为 1.08mm 的模型为例, 在小、中、大号加劲肋作用下屈曲承载力分别提高 119.8%、232.2%、331.1%。而横向加劲肋虽能提高屈曲承载力, 但效果有限 (增幅在 10% 以内)。图 4-14 也表明, 模型的屈曲承载力对初始缺陷并不敏感, 不同的初始缺陷对其承载力的大小影响较小, 幅度在 5% 以内。

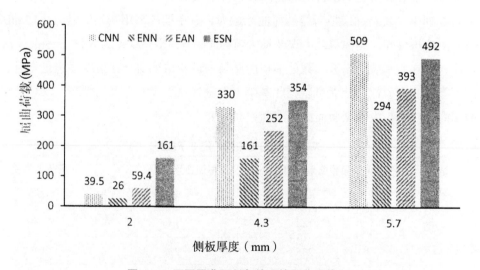

图 4-13 不同屈曲限制条件下的屈曲承载力

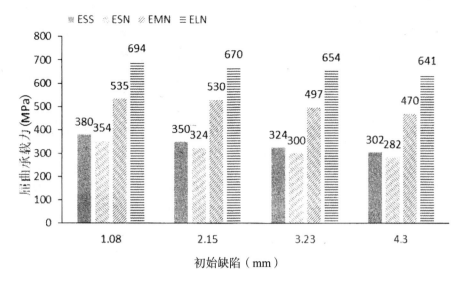

图 4-14 不同初始缺陷、加劲肋条件下的屈曲承载力

本文对梁侧锚固钢板受压屈曲进行数值模拟，论证了该模型的有效性并做了如下参数分析：

①增大钢板厚度、受压区螺栓加密、配置纵向加劲肋均能有效提高受压钢板屈曲承载力。受压区螺栓加密和配置纵向加劲肋还能够有效约束侧向起拱，从而影响模型的破坏模式。

②配置横向加劲肋对受压钢板的屈曲承载力无明显提高效果，但对钢板中部区域起拱具有约束作用。

③钢板受压屈曲特性对初始几何缺陷并不敏感，不同初始缺陷工况下的屈曲承载力和侧向起拱发展大体一致。

第二节　建筑结构改造新技术

一、既有建筑结构节能改造技术案例分析

从 2014 年在美国纽约举行的气候峰会到 2015 年在法国举办的气候变化巴黎大会，我们不难看出国际社会对于环境保护和节能减排的重视程度。目前我国的大部分既有建筑属于高耗能建筑，大量的既有建筑在使用中不断地浪费着越来越有限的能源，所以对既有建筑进行节能改造势在必行。

（一）工程概况

某办公楼修建于 20 世纪 60 年代，地处夏热冬冷地区的成都（北纬 30.66°，东经

104.01°），建筑朝向为北偏东16.8°，建筑面积约3 000m²（单栋建筑面积大于300m²），属于甲类公共建筑。该办公楼为六层的砌体结构，层高均为3.9m；屋面为平屋面，无保温构造措施；外墙为实心砖墙，其厚度为490mm，均无保温构造措施；内墙为实心砖墙，其厚度为370mm；外窗为钢窗单层玻璃；全楼外窗、外墙面积汇总详见表4-4。由于本工程具有一定的历史意义，且地处特殊地段，拆除重建的难度较大，为提高使用舒适性，同时减少建筑能耗，建设方在对其进行重新装修改造时提出对该建筑外围护结构进行节能改造。

表4-4 全楼外窗、外墙面积汇总表

朝向	外窗面积（m²）	外墙面积（m²）	朝向窗墙比
东	43.2	374.4	0.1
南	201.6	696.15	0.3
西	43.2	374.4	0.1
北	196.32	696.15	0.3
合计	484.32	2141.1	0.2

（二）改造前该办公楼外围护结构节能设计指标

运用中国建筑科学研究的软件PBECA（2015年版）对改造前的建筑进行节能计算，计算三维模型详见图4-15。计算结果表明，该建筑外围护的节能不满足《公共建筑节能设计标准》（GB 50189—2015）的相关要求，具体结果详见表4-5。

图4-15 三维模型显示分析图

表 4-5　改造前权衡计算强条校验情况

建筑构件参数	保温材料及厚度	设计建筑实际值	允许权衡计算的基本要求	是否达标
屋顶传热系数 [W/（m²·K）]	无保温材料	3.68	夏热冬冷 ≤ 0.70	不达标
外墙传热系数 [W/（m²·K）]	490mm 厚的实心砖	1.81	夏热冬冷 ≤ 1.00	不达标
立面透光材料可见光透射比	钢窗单层玻璃透明玻璃	0.77	夏热冬冷 ≥ 0.60	达标

通过和规范要求对比，该建筑属于夏热冬冷甲类公建，根据《公共建筑节能设计标准》（GB 50189—2015）的规定，当建筑平屋顶的热惰性指标 $D \leq 2.50$ 时，其传热系数 $K \leq 0.40W/（m^2 \cdot K）$，而原有建筑屋顶的传热系数为 $3.68W/（m^2 \cdot K）$，对比其中取值可以看出，原设计屋顶的传热系数超过规范限值要求近 10 倍，故改造前建筑屋顶传热系数不满足规范要求。

该建筑原设计外墙采用 490mm 厚的实心砖，根据《公共建筑节能设计标准》（GB 50189—2015）的规定，当建筑外墙的热惰性指标 $D>2.50$ 时，其传热系数 $K \leq 0.80W/（m^2 \cdot K）$，而原有建筑外墙的加权平均传热系数为 $1.81W/（m^2 \cdot K）$，原设计外墙的传热系数超过规范限值要求近 2 倍，因此，改造前建筑外墙传热系数不满足规范要求。

该建筑原设计外窗采用钢窗单层透明玻璃，其传热系数为 $6.50W/（m^2 \cdot K）$，根据《公共建筑节能设计标准》（GB 50189—2015）的规定，根据不同朝向的窗墙面积比不同，对应传热系数要求也不同，同规范在该办公楼最低要求外窗传热系数 $K \leq 3W/（m^2 \cdot K）$ 相比较，其设计值都超过规范限值要求近 2 倍，因此，改造前建筑外窗传热系数不满足规范要求。

从以上围护结构同现行规范对比得出，原建筑是一栋"高耗能"建筑。

（三）办公楼外围护结构节能改造方案对比

通过对该办公楼的节能改造进行评估，并结合建设方的投资预算，我们面临的主要难题是既要让节能改造满足现行设计规范，又要满足使用舒适性，还要把改造成本降到最低。经过对建筑物的布局、朝向、功能等的深度推敲，我们构想出了以下三种改造方案来对外围护结构（屋顶、外墙、外窗）进行节能改造。

1. 方案一：着重加强屋顶的改造投入，从而降低外墙和外窗的改造成本

众所周知，在一般的建筑中，屋顶面积比外墙面积小很多，如果在屋顶上着重加强保温改造的投入，而减少在外墙和外窗的改造投入，如能满足现行规范要求，那将大大节省资金，对于控制成本的效果将是非常乐观的。根据规范的相关规定，以屋顶层各构件负荷耗能分析为例，方案一的计算结果如表 4-6，其工程改造成本预算见表 4-7。

表 4-6 方案一权衡计算强条校验情况

建筑构件参数	保温材料及厚度	设计建筑实际值	允许权衡计算的基本要求	是否达标
屋顶传热系数 $[W/(m^2 \cdot K)]$	50mm 厚挤塑聚苯板 XPS（B1 防火）	0.51	夏热冬冷 ≤ 0.70	达标
外墙传热系数 $[W/(m^2 \cdot K)]$	45mm 厚水泥发泡板（Ⅰ型）	0.98	夏热冬冷 ≤ 1.00	达标
立面透光材料可见光透射比	隔热金属型材窗框（6 高透光 10w - E+9A+6）	0.72	夏热冬冷 ≥ 0.60	达标

表 4-7 工程改造成本预算一览表

围护结构	材料及规格	使用面积（m²）	人工费（元/m²）	材料费（元/m²）	造价（元）	合计（元）
屋顶	50mm 厚挤塑聚苯板 XPS	450	25	20	20 250	
外墙	45mm 厚水泥发泡板（Ⅰ型）	2 200	60	28	193 600	482 650
外窗	隔热金属型材窗框（6 高透光 10w - E+ 9A+6）	480	520	40	268 800	

评估结果显示，方案一设计建筑的全年能耗小于参照建筑的全年能耗，而且非常接近参照建筑全年耗能（设计耗能基本达到最优化），因此，该建筑已达到规范的节能要求。此方案改造投入的资金预算约为 482 650 元。

2. 方案二：着重加强外窗的改造投入，从而降低屋顶和外墙的改造成本

建筑外窗作为外围护结构的一种重要的保温隔热节点，由于门窗的安装比保温的施工工序要少很多而且不受天气影响，故受制于外界因素较小，方便施工。如果能通过提高外门窗性能要求，以减少屋顶和外墙保温材料的使用，既能缩短工期，又能节约成本，可以达到"双赢"的效果。根据规范的相关规定，以外窗各构件负荷耗能分析为例，方案二的计算结果如表 4-8，其工程改造成本预算如表 4-9。

表 4-8 方案二权衡计算强条校验情况

建筑构件参数	保温材料及厚度	设计建筑实际值	允许权衡计算的基本要求	是否达标
屋顶传热系数 $[W/(m^2 \cdot K)]$	35mm 厚挤塑聚苯板 XPS（B1 防火）	0.65	夏热冬冷 ≤ 0.70	达标
外墙传热系数 $[W/(m^2 \cdot K)]$	45mm 厚水泥发泡板（Ⅰ型）	0.98	夏热冬冷 ≤ 1.00	达标
立面透光材料可见光透射比	隔热金属型材窗框（6 高透光 10w - E+12A+6）	0.72	夏热冬冷 ≥ 0.60	达标

表 4-9 工程改造成本预算一览表

围护结构	材料及规格	使用面积（m²）	人工费（元/m²）	材料费（元/m²）	造价（元）	合计（元）
屋顶	35mm 厚挤塑聚苯板 XPS	450	20	20	18 000	
外墙	45mm 厚水泥发泡板（I 型）	2 200	60	28	193 600	509 200
外窗	隔热金属型材窗框（6 高透光 10w - E+12A+6）	480	580	40	297 600	

评估结果显示，方案二设计建筑的全年能耗小于参照建筑的全年能耗，因此，该建筑已达到规范的节能要求。此方案改造投入的资金预算约为 509 200 元。

3.方案三：着重加强外墙的改造投入，从而降低屋顶和外窗的改造成本

建筑外墙在绝大部分建筑中占有的外围护结构面积最大，因此，对应所需施工的保温面积占的比例也最大，所以外墙保温层的厚度对整个建筑节能设计结果可能会起到举足轻重的作用。在节能设计时，如果能合理控制好外墙保温设计的厚度，在满足规范要求的前提条件下，能够使屋顶的保温层设计厚度和外窗的性能都得到有效的降低，以达到降低投入成本的目的，也是一种可行的方案。根据规范的相关规定，以外墙各构件负荷耗能分析为例，方案三的计算结果如表 4-10，其工程改造成本预算如表 4-11。

表 4-10 方案三权衡计算强条校验情况

建筑构件参数	保温材料及厚度	设计建筑实际值	允许权衡计算的基本要求	是否达标
屋顶传热系数[W/（m²·K）]	35mm 厚挤塑聚苯板 XPS（B1 防火）	0.65	夏热冬冷≤0.70	达标
外墙传热系数[W/（m²·K）]	60mm 厚水泥发泡板（I 型）	0.91	夏热冬冷≤1.00	达标
立面透光材料可见光透射比	隔热金属型材窗框（6 高透光 10w - E+9A+6）	0.72	夏热冬冷≥0.60	达标

表 4-11 工程改造成本预算一览表

围护结构	材料及规格	使用面积（m²）	人工费（元/m²）	材料费（元/m²）	造价（元）	合计（元）
屋顶	35mm 厚挤塑聚苯板 XPS	450	20	20	18 000	
外墙	60mm 厚水泥发泡板（I 型）	2 200	75	38	248 600	535 400
外窗	隔热金属型材窗框（6 高透光 10w - E+9A+6）	480	520	40	268 800	

评估结果显示，方案三设计建筑的全年能耗小于参照建筑的全年能耗，因此，该建筑已达到规范的节能要求。此方案改造投入的资金预算约为 535 400 元。

通过对以上三种节能设计方案的综合考评，三种方案均能满足相关规范要求，但是，本工程是既有建筑的节能改造，由于该建筑历史久远，重新装修时将对屋面防水层进行翻修，而且屋面面积在外围护结构面积中所占比例较小，施工较为方便，且改造投入的资金最少，性价比最高，因此，方案一为最佳方案。该方案对屋顶的保温厚度的合理增加，降低了外窗型材的设计厚度和外墙保温层的厚度，既满足规范要求，又达到了舒适性、经济性的目的，同时有效地缩短了工期和减少了的资金投入。

从社会的角度来看，建筑节能是实施能源、环境、社会可持续发展战略的重要组成部分，也是建筑走可持续发展之路的基本取向。既有建筑节能改造又是建筑节能中必不可少的一部分。通过对本工程案例的分析可以得出，我们对既有建筑特别是历史久远的建筑进行建筑节能改造时，在满足现行规范条件下，为了最大限度地节约能源和资金，我们应该首先考虑着重加强对屋顶的改造，其次是外窗，最后是外墙，这将缩短工期和节省造价。

从经济的角度来看，在目前，中国仍有数亿平方米的高耗能建筑，对既有建筑的节能改造意味着将在资金投入上节约上千亿元的支出，这将为推动我国现阶段对企业的转型升级打下坚实的经济基础，而带来良好的经济效益和社会效益。

二、基于拐点的旁孔透射波法确定桩底深度方法研究

旁孔透射波法的提出主要针对既有工程桩的检测，通过在待测桩身附近钻孔、埋测管，先将检波器置于管底，用激振锤敲击桩顶或上部结构。每激振、检波一次提升检波器一定高度，重复这一过程直至检波器置于管口，以完成测孔不同深度信号的收集并组成时间－深度信号图，通过图形特征判断桩底深度。

旁孔透射波交点法、校正法确定桩底深度是以首至波走时沿深度方向确定两条拟合线为基础，通过该两拟合线的交点直接或对其修正后确定桩底深度。现有方法主要存在以下不足：①当首至波位置不易识别以致难以有效确定两拟合线时，采用现有旁孔透射波交点法、校正法则无法确定桩底深度；②层状地基下首至波走时不连续，两条拟合线确定不够准确，以此两线交点确定桩底深度误差较大；③由于桩侧至探孔中心距离的存在，用旁孔透射波交点法确定的桩底深度偏深，当旁孔距较大时用旁孔透射波交点法确定的桩底深度误差较大；④桩底段拟合直线应由至桩底深度大于 5 倍旁孔距的测点首至波走时点确定，即探孔深度至少超过预计桩底深度大于 5 倍旁孔距，否则确定的桩底段拟合直线不准确，当孔深不足时通过目前的旁孔透射波校正法确定的桩底深度偏浅，若在测试完毕进行数据分析时发现测孔深不够，由此确定的桩底深度结果不可靠，此时再重新钻探孔测试无疑会增加人力、财力、时间成本。基于以上四点考虑，现有旁孔透射波交点法尚难以满足工程实际应用。

（一）旁孔透射波法检测

旁孔透射波法检测前，先在桩身附近钻孔，钻孔尽可能靠近桩侧。测试时先将检波器置于管底，并用激振锤敲击桩顶承台或梁、板等结构。每激振、检波一次提升检波器一定高度，并重复这一过程直至检波器置于管口，以接收旁孔内不同深度的信号。

将旁孔透射波沿深度布置为如图 4-16、4-17 所示图形，通过判读首至波走时并分桩侧段和桩底段分别直线拟合确定两条直线 l_1、l_2，其斜率分别对应桩身 P 波波速与桩底地基土 P 波波速。桩底深度则通过进一步分析确定。

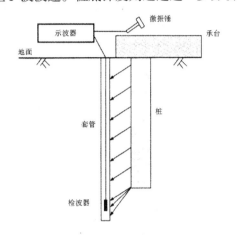

图 4-16 旁孔透射波法测试示意图

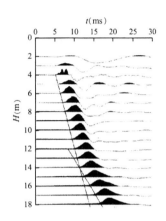

图 4-17 时间-深度波形图

（二）拐点法确定桩底深度简化模型

如图 4-18 所示，在桩顶承台上某点 O 激振后，根据斯涅尔定律，对于旁孔某深度（R）的首至波传播路径应为沿经过桩身某点 A 后，透射后到达点 R，路径为 $O \to A \to R$。点 A、R 所在深度满足：

$$L_R = Z - T = D\tan\theta \frac{D}{\sqrt{n^2-1}} \qquad (4-9)$$

记桩身透射点所在深度为 T，旁孔点 R 所在深度为 z，则 P 波沿路径 $O \to A \to R$ 的走时为：

$$t = t_0 + \frac{1}{V_{PP}}z + \frac{\sqrt{n^2-1}}{V_{PP}}D \qquad (4-10)$$

其中，$t_0 = \dfrac{L_A}{V_{PP}}$，$n = \dfrac{V_{PP}}{L_{SP}} = \dfrac{1}{\sin\theta}$，$\theta$ 为桩土间透射角，V_{PP}、V_{SP} 分别代表桩身一维 P 波波速和地基土三维 S 波波速，D 为旁孔距。

当 $T=L$ 时，点 A、R 将与点 B、C 分别重合，任意位于 C 点下 F 点首至 P 波走时为

$$t = \frac{\overline{OB}}{V_{PP}} + \frac{\overline{BF}}{V_{PP}} = t_0 + \frac{L}{V_{PP}} + \frac{\sqrt{D^2+(Z-L)^2}}{V_{SP}} \qquad (4-11)$$

将式（4-11）整理可得

$$\left[\frac{V_{SP}}{D}(t-t_0-\frac{L}{V_{PP}})\right]^2-\left[\frac{(Z-L)^2}{D}\right]=1 \qquad （4-12）$$

式（4-11）为标准双曲线方程，其中心点为（$t_0+\frac{L}{V_{PP}}$，L）。双曲线中心与桩底位于同一深度。

图 4-19 所示为基于拐点法的旁孔透射波法确定桩底深度的方法示意图。首至波走时沿深度方向呈上段线和双曲线（图 4-19 中实线部分），两线交点深度(L_D)比实际桩底深度(L_R)偏大。故桩底深度(L)按下式确定：

$$L=L_D-L_R=D\tan\theta\frac{D}{\sqrt{n^2-1}} \qquad （4-13）$$

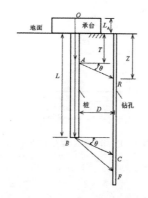

图 4-18 旁孔透射波法简化理论模型

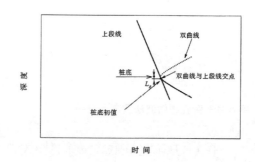

图 4-19 基于拐点法的旁孔透射波法确定桩底深度

（三）旁孔透射波法现场试验

如图 4-20 为某匝道改建工程，墩下承台连接两根桩。桩侧土层以粉土、粉砂、粉质黏土为主，桩底为圆砾，土层主要物理力学指标见表 4-12。待测桩桩长为 39m，桩直径为 1.3m，桩顶承台高为 0.2m。承台顶与场地平齐。沿匝道顺桥向紧靠承台位置布置测孔，旁孔距为 0.5m。如图 4-21 所示，在桩顶承台竖敲激振进行测试，沿测孔深度方向每 0.5m间距收集一条测试信号，根据出现波动的起始点判读首至波走时。对桩侧段首至波进行直线拟合确定上段拟合直线，将测点首至波走时整体逐渐右偏离上段拟合直线的起点确定为拐点。通过拐点判断桩底深度初值为 39.8m。上段首至波拟合直线斜率代表桩身 P 波波速，为 3 829m/s；由桩底 44 ~ 46m 段首至波拟合，直线斜率 1 451m/s 即桩底土的 P 波波速，由此可确定桩土波速比 n=2.6，旁孔距为 0.5m，由此拐点深度修正值 $L_d=\frac{D}{\sqrt{n'^2-1}}$ =0.2m，最终确定桩底深度为 39.6m，与设计桩底深度（39m）误差为 1.5%。

表 4-12 土层物理力学特性指标

土层名称	层底深度（m）	压缩模量（MPa）	内聚力（kPa）	内摩擦角
填土	1.7	4.2	8	12°
粉土	5.3	12.7	13	25°
粉砂	16.3	14.5	10	32°
淤泥质粉质黏土	27.3	2.73	15	3°
粉质黏土	32.3	16.5	37	9°
圆砾	59.4	45	0	40°

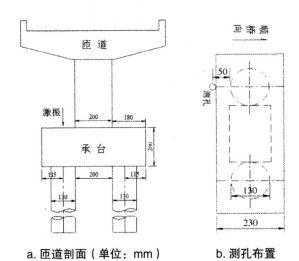

a. 匝道剖面（单位：mm）　　b. 测孔布置

图 4-20 既有匝道剖面图及测孔布置图

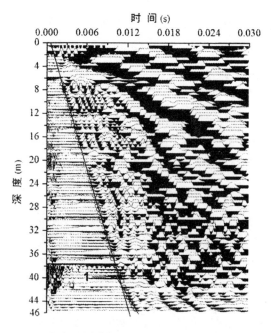

图 4-21 旁孔透射波法现场测试时间 - 深度波形图

旁孔透射波法是一种基于钻孔进行测试的首至直达波法，对既有建筑桩基进行检测时不受桩基础和上部结构影响，传播路径比反射波法短，信号能量衰减小，能反映缺陷以下的桩身完整性，是一种值得推广的技术。

通过基于拐点的旁孔透射波简化理论模型分析，旁孔透射首至波走时沿深度方向呈上段线和双曲线，两线的交点确定为拐点，通过判断拐点并进行相应修正可确定桩底深度。通过选取典型场地对基于拐点的旁孔透射波法测试分析，表明该方法具有较好的精度和可靠性。

第三节　建筑结构加固新技术

一、预应力加固法在渡槽桁架结构中的应用

20 世纪 90 年代初期，国家水泥部对我国的水工混凝土建（构）筑物进行病害和老化的调查结果显示，全国近 1/5 的中小型混凝土水闸和大型混凝土水坝都遭到了冻融剥蚀破坏，而将近一半的钢筋混凝土水闸、水坝、渡槽、涵洞等产生了严重的炭化、混凝土裂缝及钢筋锈蚀等病害现象，严重影响了水利工程结构的安全使用，不利于我国灌区的可持续发展。我国仍然是发展中国家为满足罐区灌溉的需要，把少量的资金用来维护和改善现有

的水利工程结构符合现阶段的国情。

为改善我国既有结构物的老化病害现象，人们开始热衷于建筑结构的加固补强，以期让结构物的生命更加持久。在建筑结构和水利工程结构加固方面，我国的许多专家和学者做了很多卓有成效的工作，"全国建筑物鉴定和加固标准技术委员会"于 1990 年成立，编制出版了各类检测、鉴定技术标准和加固技术规范，且"建筑物鉴定与维修加固"已被国家科委列为国家重大科研课题。

混凝土结构加固技术发展至今，补强的主要方法有：增设支点加固法、增大截面加固法、外粘型钢加固法、置换混凝土加固法、粘贴碳纤维复合材料加固法、外加预应力加固法、预应力碳纤维复合板加固法、绕丝加固法、改变结构传力途径加固法、化学灌浆修补法等。每种加固方法都具有各自的特点和优势，因此，要选择适用于水利工程的加固方法就必须对加固对象以及所采取的加固方法的特点有全面的认识和了解。以下以某渡槽加固设计工程为例，对体外预应力加固设计方法在水利工程结构中的应用研究做简要的阐述分析。

（一）体外预应力加固技术发展概况

体外预应力技术是一项比较古老的技术，人类最早将其应用于木桶的编制、弓箭的发射和拉紧锯片等方面。它是在结构承受荷载之前，预先对其施加压力，使其在外荷载作用时的受拉区产生压应力，用以抵消或减小外荷载产生的拉应力，使结构在正常使用的情况下不产生裂缝或者裂缝开展得比较晚，改善结构的受力性能和正常使用状态。预应力技术在解决大、高、重、新建筑工程的设计和建造难题中发挥着独特的优势，并且它也是调整结构内力和减少甚至取消大面积工程伸缩缝、防止开裂的重要手段。

体外预应力加固技术是一种采用预应力拉杆或撑杆对原有结构构件或整体进行主动加固的设计方法，它通过在杆件外布设拉杆或撑杆，并与被加固的杆件锚固联结，然后施加预应力，强迫后加的拉杆或撑杆受力，从而改变原结构的内力分布，并降低原结构的应力水平，使结构总承载能力显著提高，且可减少结构的变形，使裂缝宽度缩小甚至完全闭合，这就是体外预应力加固技术的机理。体外预应力加固技术最早在 20 世纪 40 年代的苏联出现，主要用于工业建筑的加固维修。特别是在 20 世纪 70 年代，法国及美国大量采用体外预应力加固技术加固桥梁工程，积累了丰富的工程实践经验，为体外预应力加固技术的快速发展创造了条件。20 世纪 80 年代以后，随着体外预应力技术的发展及防腐技术的不断提高，世界上许多国家开始广泛将体外预应力技术用于桥梁工程建设及加固补强领域。

随着预应力加固技术的不断发展和新型材料的不断涌现，有黏结预应力加固技术也逐渐在结构加固改造中得到广泛应用，并衍生出许多新兴的加固技术，如预应力钢绞线（网）-复合砂浆法加固技术、高强纤维复合材料预应力加固技术等。有黏结预应力加固技术是一种新型的加固技术，不仅克服了体外预应力加固的弊端，还综合了有黏结混凝土结构和体外预应力加固技术二者的优点。

（二）渡槽概况

某渡槽采用钢筋混凝土桁架结构，下部支撑采用钢筋混凝土双柱式排架钢筋混凝土灌注桩。渡槽上部承重结构主要采用简支梁型下承式桁架，由两榀平行钢筋混凝土主桁架以及主桁架间钢结构横向联系形成支承引水渡槽的承重体系。桁架由上下弦杆、斜杆、竖杆组成，其中上弦杆为二次抛物线曲杆，下弦杆及斜杆、竖杆均为直杆。桁架内搁置渡槽，槽身采用9.5cm厚的预制钢筋混凝土结构，单节长度为2.5m。渡槽外貌见图4-22。

图4-22 渡槽外貌

（三）加固设计

经计算复核，渡槽桁架部分杆件承载力不满足要求，需进行加固处理。

桁架加固总体考虑以下加固思路：

①对配筋不足的下弦杆采用预应力与外包水泥基灌注料进行加固处理，并在下弦杆节点处安装四支环形箍，每侧各两支，对称安装。

②对配筋不足的腹杆采用高性能水泥复合砂浆钢筋网进行加固处理。

③对竖杆采用对称安装四根钢筋进行加强处理。

④桁架上下弦每个节点设置水平交叉支撑，形成水平刚性支撑桁架。

预应力与外包水泥基灌注料加固即在桁架下弦杆对称安装四根直径为15.2mm（1×7）预应力钢绞线，在下弦节点处安装四支环形箍，环形箍是直径为16的Ⅲ级钢筋，每侧各两支，对称安装。预应力筋张拉控制应力为930MPa。预应力端部螺栓锚固前，先对预应力钢筋张拉20%以控制应力，保证所有螺栓共同均布受力后再拧紧锚固螺栓。最后浇筑35mm厚C60水泥基灌注料。

灌注料起到保护预应力筋的作用，并使预应力筋和被加固杆件混凝土黏结成整体，通过灌注料的高黏结强度来保证预应力筋与原结构层共同受力，协调工作。同时灌浆料通过与预应力钢绞线的握裹力还能对预应力钢绞线的锚固做出一定贡献，以减轻锚具压力。

（四）预应力与外包水泥基灌注料加固下弦杆施工工艺

施工工艺流程：原构件基层处理→定位放线→预应力筋下料→端部锚板安装→张拉及锚固预应力筋→安装下弦杆节点处环形箍→灌浆料施工及养护。

1. 原构件基层处理

在加固之前，应将下弦杆表面的防腐涂层或抹灰层采用角磨机钢丝轮刷清理干净，并应清理剥落、疏松、蜂窝、腐蚀等杂质，然后做凿毛处理，直至完全露出混凝土结构新面，之后用压力水冲洗干净，并在开始下一道工序之前，保证其充分干燥。

2. 定位放线

根据加固设计施工图纸，对下弦杆进行定位放线，确定预应力张拉端、锚固端和螺栓孔等的位置。

3. 预应力筋下料

预应力筋应根据下弦杆预应力张拉端与锚固端加固施工图定长下料，采用 $\phi15.2mm$ 高强 1860 级国家标准低松弛预应力钢绞线，其标准强度为 $f_{ptk}=1\,860N/mm^2$，直径为 15.2mm。钢绞线尺寸及性能如表 4-13 所示。预留张拉长度不小于 800mm，预应力筋必须与喇叭口外表面垂直，其在承压板后应有不小于 30cm 的直线段。钢绞线应用砂轮锯切割，不得用电气焊切割。

表 4-13　钢绞线尺寸及性能

钢绞线结构	钢绞线直径（mm）	强度级别（N/mm²）	截面面积（mm²）	整根钢绞线的最大负荷（kN）	屈服负荷（kN）	伸长率（%）
1×7	15.2	1 860	1 395	259	220	3.5

4. 端部锚板安装

端部锚板的安装程序为：钻孔→高压气流清孔→埋入锚固螺栓→装入环形钢板箍→螺母拧紧→结构胶灌填。

端部锚板由 20mm 厚环形钢板箍制作，钢板上开 12 个 $\phi22mm$ 的孔，用锚固螺栓将环形钢板箍锚固在桁架下弦杆两端，同时在张拉端两侧安装 200×12 临时角钢，用于钢绞线的张拉。

5. 张拉及锚固预应力筋

预应力筋采用一端张拉形式，张拉控制应力为 $0.71f_{ptk}$，施工中超张拉伸长率为 3%。张拉端采用单孔夹片式锚具。单孔张拉力的计算如下：

$$F=0.71\times f_{ptk}\times A_p\times1\times1.03=0.71\times1\,860\times140\times1\times1.03=190.43（kN）$$

张拉伸长值的计算，根据下列规范公式进行：

$$\Delta L_p=\frac{\sigma_{pe}L_p}{E_p} \tag{4-14}$$

式中， ΔL_p ——预应力筋理论伸长值；

σ_{pe} ——预应力筋扣除摩擦损失后有效应力的平均值；

E_p ——预应力筋的弹性模量；

L_p ——预应力筋在混凝土构件的埋入长度。

本工程采用 YCN23-25T 液压式千斤顶。根据工程量及进度情况安排适当数量的张拉设备。对于本工程的情况，准备两套设备，其中有一套备用设备。另外，混凝土达到设计强度的 100% 以上方可进行预应力筋的张拉。

预应力张拉分三级进行，流程如下：

①量测未张拉预应力筋外露长度 (L_1)；

②使用 YCN23-25T 千斤顶进行张拉，张拉到控制应力的 20%；

③再分别张拉到控制应力的 50%；

④然后再分别张拉到控制应力的 103%；

⑤量测张拉后预应力筋外露长度 (L_2)；

⑥实际预应力筋的伸长值为 $L_3 = L_2 - L_1$；

⑦校核实际伸长值与计算伸长值的偏差不应超过 $\pm 6\%$。

6. 安装下弦杆节点处环形箍

在下弦杆节点处采用 $4\phi16$ 钢筋环形箍套住节点并与原预埋铁焊接。

7. 灌浆料施工及养护

本工程采用 C60WZJ 灌浆料，WZJ 型水泥基高强灌浆料是一种无收缩、高强度、自流密实的水泥基复合材料。WZJ 型水泥基高强灌浆料可自流密实成型，具有硬化过程无收缩、与旧混凝土及钢筋黏结力好、耐久性好等优点。WZJ 型水泥基高强灌浆料综合运用了当前水泥复合材料高强技术、流态混凝土技术、膨胀混凝土技术、高性能混凝土技术、混凝土界面改性技术和混凝土防沉降泌水技术，是一种多用途新型工程材料。

①下弦杆装模。模板一定要装牢固、校准，因灌浆料具有高流动性，故模板安装必须平整密闭，否则将产生漏浆及不密实后果。混凝土浇捣时可采用小锤大范围轻击模板表面，以使混凝土自流密实。

②现场搅拌混凝土。根据厂家提供的灌浆料及配合比，现场加水搅拌，搅拌时严格控制用水量。为利于本工程的顺利进展，混凝土采用 1 台 500 型强制混凝土搅拌机拌制，采用斗车运至各施工点位，配备专业队伍进行操作。

③拆模及灌浆料养护。灌浆料浇筑完 12h 后开始浇水养护，48h 后拆模。

通过对某渡槽桁架采用体外预应力和外包水泥基灌注料进行加固，大幅度提高了结构承载力，降低了原结构应力水平，消除了一般加固结构中的应力（应变）滞后现象，且新增结构层与原结构能较好地共同工作并变形协调良好，取得了很好的加固效果。本书所介绍的预应力与外包水泥基灌注料加固方法所需设备简单，人力投入少，施工工期短，可不中断工程结构的使用或短时限制使用，在工程结构加固领域中经济和社会效益明显，是一种值得推广的加固方法。

二、钢框结构的加固法研究

在钢梁的上表面焊接栓钉等抗剪连接件，并浇筑混凝土板，使得钢梁与混凝土楼板协同作用，提高钢梁的整体抗弯承载力。这种组合梁能够充分发挥混凝土耐压、钢材抗拉强度高的材性，相比纯钢梁，该组合梁的用梁量相对更小，造价更低廉。而且混凝土板与钢梁的相互作用也加强了结构的整体性，这种组合楼盖体系在工程领域中越来越常见。组合楼盖体系在施工阶段为钢结构体系，而在使用阶段为组合结构体系，通过合理栓钉布置与构造设计，可以将该技术应用在某些钢框架的加固中。同时，使用合理的有限元建模方式来对钢框架的加固进行计算，尽可能满足组合楼盖体系的设计要求。

（一）工程背景与新加固方案（组合加固法）

1. 工程背景

某已建的四层物流中心为钢框架现浇楼板结构体系。建筑功能为机械加工和存货，该四层物流中心的一层柱子上有安装载重载吊车梁，该结构的主梁为槽钢拼接而成的桁架梁，横向上分为三跨，总计 36m，如图 4-23。在施工过程中，由于梁柱节点设计有误，节点承载力不足，某一跨的桁架主梁发生坍塌。施工进度中，压型钢板已经铺好，但尚未浇筑混凝土楼板。停工后重新建模计算，发现大多数构件承载力不够，节点设计不符要求，需要进行加固设计。原加固方案是对梁柱构件分别进行增大截面的加固，柱子四周增焊四块角钢（如图 4-24），桁架两侧增焊槽钢；同时增加三角板与角钢支托来提高梁柱节点的承载性能。通过局部加强使得加固后钢框架的所有构件满足复核的计算要求，但该计算并未考虑楼板的组合效应。

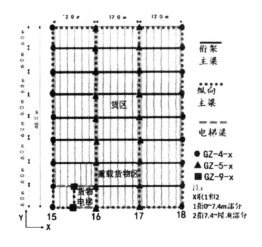

图 4-23 物流中心平面图

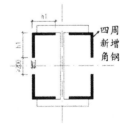

图 4-24 柱子加固

2. 新加固方案分析

原方案为桁架梁侧面增焊角钢，这么做是为了提高桁架梁的抗弯承载力，但是该方法的施工难度较高，且用钢梁较多。故可以考虑将原有桁架梁变成组合桁架梁。由于已经存在压型钢板，它不仅可以作为组合楼盖，接触钢梁的部分也可以充当浇筑混凝土的模板，不需要额外增加临时竖向支柱。现在对原有加固方法进行改进，步骤为：①仅对钢柱和梁柱节点加固，桁架梁仅在节点两处增焊槽钢；②在已有的压型钢板（YX51-250-750型号）上开洞，在桁架梁的上翼缘增焊栓钉，浇筑混凝土使纯钢桁架梁变成钢-混凝土组合桁架梁。

原有建筑使用面积较为充裕，考虑对钢柱进行外包混凝土加固，如图4-25。由于楼板尚未浇筑，钢柱的初始应力均小于0.2，采取外包混凝土的形式加固可以基本保证钢和混凝土共同受力。在验算加固后的钢筋混凝土承载力时，应进行适当折减。

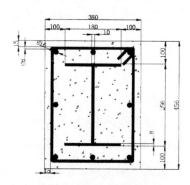

图4-25 钢柱外包混凝土

3. 施工说明

为了减少施工量，同时尽可能达到最佳的施工效果，需要采取必要的施工顺序。首先，加固梁柱节点，在节点位置增加必要的角钢支托；其次，在桁架梁内外侧增焊槽钢，新旧构件的接触位置均围焊，再在上部槽钢顶部增焊两排栓钉，间距为200mm，钢-混凝土接触部位的其余构造同一般的压型钢板-混凝土板构造；最后，按照楼板中央、梁的跨中、支座（后浇带）的顺序浇筑混凝土，避免负弯矩区混凝土因承受活荷载而产生拉应力。

（二）承载性能分析

为了验证加固的有效性，分两步对模型进行计算：施工阶段的验算和使用阶段的验算。在施工阶段，需要考虑混凝土湿重产生的荷载，这时钢梁独自承受该荷载，而加固后的钢筋混凝土柱只需在下一阶段验算。施工阶段的验算目标就是保证组合梁的内力、应力与变形计算满足设计要求。而在使用阶段，各个杆件均需要满足设计要求，其中钢柱的承载力按一定折减系数进行折减，同时结构整体需满足抗震的设计要求。

1. 施工阶段的验算

施工阶段，由于混凝土自重的影响，需要施加荷载组合为：原有钢构件自重、湿混凝土恒荷载3.75kN/m²、施工荷载1kN/m²，不考虑吊车荷载。在Midas Gen软件中对桁架梁、纵主梁、吊车梁已加固的柱子建模。计算分析得到桁架梁出现的竖向变形在二层，为 11.3mm（挠跨比为 1/1 061），底部槽钢最大轴向应力为 96MPa（剪应力为 32MPa，如图 4-26），腹杆轴向应力为 141MPa（剪应力为 17MPa，如图 4-27）。因此，施工阶段桁架梁的截面应力与挠度均符合设计要求。

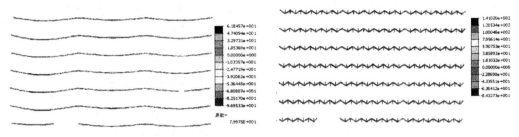

图 4-26 桁架梁底部槽钢组合应力图　　　　图 4-27 桁架梁腹杆的轴向应力图

2. 使用阶段的验算

（1）外包混凝土钢柱的内力验算

提取加固后钢柱的截面最不利内力组合：轴向压力、两个方向的弯矩。观察发现内力组合中的轴向压力较大，而相对的弯矩较小，可以假设钢骨仅承受弯矩作用，而混凝土承受轴向力作用。即当钢骨部分的抗弯承载力小于钢筋混凝土柱的双向弯矩，并且钢筋混凝土部分轴压承载力小于钢筋混凝土柱轴向压力，则手动校核结果满足设计要求。

几组构件验算均符合要求，表 4-14 给出了其中一组 G2-4-1 的计算结构，加固后的钢柱满足设计需求。

表 4-14 G2-4-1 最不利工况组合承载力

截面内力	N	My	Mz
组合一	− 4 740	− 398	136
组合二	− 1 990	− 627	107
组合三	− 3 580	452	144
	Nc	Msy	Msz
承载能力	6 543	718	151

（2）桁架梁的内力验算

桁架主梁为每跨 12m，混凝土板有效宽度取 2m。纵主梁和次梁为 8 跨 48m，其组合梁中的混凝土板有效宽度取 6m。根据《钢结构设计规范》，不考虑压型钢板格间内部混凝土对钢梁的影响，故有效厚度仅为上半部分，取 150mm。

上槽钢与楼板组成组合构件、腹杆以及下部槽钢共同组成了新的组合桁架梁，对于桁架组合梁的内力计算，我们只需要在原模型计算结果中提取上弦杆的最大弯矩与剪力，并与手算得出的抗弯、抗剪承载力进行比较，小于手算得到的承载力则视为满足设计要求。

剩余的腹杆与下弦杆只需要满足钢材应力要求。除此之外，需要找出最不利荷载下，组合桁架梁整体的最大变形位置。纵向主梁的钢结构部分为实腹型工字钢，计算内力的方法与构件一致。

在使用阶段，楼面荷载按实际情况施加，计算工况分别包含风荷载、地震荷载、吊车荷载的荷载组合。假定组合梁中螺栓能够有效传递剪力，钢梁混凝土之间没有滑移，忽略混凝土之间的抗拉作用，其抗弯能力采用截面的塑性承载力计算，计算结果（如表4-15）说明组合梁的最不利工况组合下计算的内力与变形均小于其承载力要求。

表4-15 计算使用的组合梁截面特性与内力计算与变形结果

	b_e	b_{es}	d	A_c	A_S	x	M_u	V_u	$M < M_u$	$V < V_u$	$\dfrac{1}{\Delta}$	σ
上弦杆（中）	2 100	305	150	45 851	3 284	232	125	181	107	136	428	173
上弦杆（边）	2 100	305	150	45 851	3 284	23.2	125	181	88	148	594	158
纵主梁（边）	2 100	305	150	45 851	7 808	55	336	776	242	412	1 132	—

3. 反应谱验算

在已有钢梁上建立完整的楼板来模拟真实的楼盖体系，该模型刚度分布最接近真实楼层，使用该模型进行整体参数分析。考察指标为周期比、阵型、层间位移角。由于三、四层的层间位移角在加固前已满足要求，故只比较一、二层的层间位移角。

整体参数结果如表4-16。转化成组合梁框架的加固方案相比原加固方案，结构整体的周期比以及一、二、三阶周期相近，但它的二阶周期为扭转，而三阶为x方向，与原方案不同。该方案在风、小震荷载组合下的层间位移角更小，说明了局部加固对整体的影响效果更佳。

表4-16 整体参数计算结果

指标名称		加固前	原加固方案	转化成组合梁框架的加固方案
周期	一阶周期	3.25y	2.15y	2.25y
	二阶周期	2.9 扭	1.39x	1.35 扭
	三阶周期	2.62x	1.15 扭	1.28x
	周期比	0.9	0.53	0.6
层间位移角	一层（小震、y向）	1/196	1/356	1/436
	二层（小震、y方向）	1/256	1/480	1/521
	一层（风荷载、y向）	1/320	1/534	1/478
	二层（风荷载、y向）	1/878	1/1367	1/1 890

通过钢梁的比较，新的加固方案比原方案减少了 2kg/m² 的用钢量，具有更好的经济技术效应。

反应谱计算：原结构为Ⅱ类场地，位于 8 度区，选取三组地震波对组合加固的结构进行小震时程分析。调整地震波峰值加速度至 35cm/m²，计算得出基底平均剪力比 x 方向为 8.2%，y 方向为 12.4%。

在该工程中，压型钢板 – 混凝土组合楼板起了两个作用，一是充当普通楼板传递竖向荷载；二是作为组合梁受弯的混凝土承压区，通过合理的构造，加强了结构的整体性。

针对施工阶段停工的特殊钢框架结构，在混凝土尚未浇筑的情况下，采取改造成组合梁的钢框架加固方案经过计算验证是有效的。相比通过增焊构件直接加强桁架梁的原方案，该方案更加经济，施工难度和工程量显著减小。

三、砌体房屋顶升纠倾加固技术研究

在既有建筑中，有相当一部分为砌体结构房屋。这些既有砌体房屋因设计水准、施工质量、地质情况和后期使用条件变化等因素，会出现不同程度的沉降倾斜变形，有些房屋的变形量甚至超过了结构安全性鉴定标准的限值，严重威胁房屋的后续安全使用，所以对其进行纠倾已十分必要。

在既有的砌体结构房屋中，大部分为无筋砌体、楼板采用混凝土预制空心板、未设置构造柱（圈梁）或构造柱（圈梁）设计不满足现行规范要求等。另外，砌体房屋在使用过程中，随着时间的推移，会出现砌块和砂浆强度退化、承重墙体开裂等现象，导致构件连接性能下降、结构整体刚度下降等问题。所以对于上部结构松散开裂、承载力不足、构造措施不符合抗震规定的砌体房屋，在纠倾过程中应进行抗震加固。

（一）顶升纠倾加固设计

1.地基基础加固设计

引起房屋沉降倾斜变形的因素主要有：地质勘察有误、基础设计偏差、基础施工质量问题、房屋使用功能改变、房屋加层或扩建、自然地质灾害等。对已产生沉降倾斜变形的砌体房屋，应先对地基基础进行承载力和变形验算，确定其是否需要加固。如地基基础需加固，应结合工程实际提出切实可行、经济有效的加固方案。地基处理可采用换填、预压（反压）、地基固结等措施；基础加固可采用截面加大、补桩等方法。对于扩建引起的房屋倾斜工程，在基础加固设计过程中，应考虑房屋新旧部分基础的变形协调与荷载传递。

2.顶升托换梁设计

顶升纠倾技术是一项房屋托换加固技术，即将房屋的基础和上部结构沿着基础顶面位置进行分离，采用钢筋混凝土构件进行加固、分段托换、形成全封闭的顶升托换梁体系，设置能支撑整个建筑物的若干支承点（千斤顶），并通过这些支承点的顶升设备使建筑物整体平稳上升，即可使得倾斜房屋得到纠正。在整个顶升过程中，托换梁是关系整个房屋能否顶升成功的关键。因此，托换梁段本身应具有足够的刚度和强度，托换梁段间需连接可靠、传力直接并形成全封闭的整体。

常用托换梁设计方法如下：第一种设计方法是基于《砌体结构设计规范》（GB 50003—2011）中墙梁的计算模式，将托换梁视作墙梁，托换梁和上部砌体作为一个组合构件共同受力，按承载能力极限状态进行计算，该方法受力模式较接近工程实际；第二种设计方法为弹性地基梁法，即将砌体承重墙视作托换梁的半无限弹性地基，托换梁是在支座反力下的弹性地基梁，没有考虑托换梁和上部砌体墙的共同作用，该方法偏保守安全。

3. 千斤顶数量计算

千斤顶是设置于托换梁之下的支承点，通过平稳缓慢向上顶升闭合托换梁达到房屋纠倾的目的，千斤顶的行程和数量应通过严格的计算来确定。

单片砌体承重墙下千斤顶数量可按下式计算：

$$n \geqslant K\frac{Q}{N} \tag{4-15}$$

式中，n 为单片承重墙下顶升点数量（个）；K 为安全系数，可取 2.0；Q 为相应于荷载作用的标准组合时，单片墙底部总荷载值（kN）；N 为顶升支承点千斤顶的工作荷载设计值（kN），可取千斤顶额定工作荷载的 0.8 倍。

4. 顶升量和顶升频率计算

（1）房屋顶升量计算

倾斜房屋顶升量可按下式计算：

$$S_v = \frac{(S_{HL} - S_H)\square b}{H} \tag{4-16}$$

式中，S_v 为建筑物纠倾设计顶升量（mm）；S_{HL} 为建筑物纠倾前顶部水平变形量（mm）；S_H 为建筑物纠倾前顶部水平变形控制值（mm）；b 为计算倾斜方向建筑物宽度（mm）；H 为建筑物自室外地坪起计算高度（mm）。

（2）顶升频率

每次顶升，单次最大顶升量为 $\Delta S_v = 10$mm，工程参考值为 5 ~ 10mm。

按顶升量 S_v 确定顶升频率 n（次数）：

$$n = \frac{S_v}{\Delta S_v} \tag{4-17}$$

即房屋顶升频率的范围为 $n \in (\frac{S_v}{10}, \frac{S_v}{5})$ 次。

5. 上部砌体房屋加固设计

产生沉降倾斜变形的砌体房屋往往也存在上部结构松散开裂、承重墙体承载力不足、构造措施不符合规范等安全隐患，在房屋纠倾的同时对上部结构进行抗震加固，以提高房屋的整体刚度和抗震性能。

对于承载力不满足的承重墙，可采取钢筋混凝土面层加固法、钢筋网聚合物砂浆面层加固法、增设扶壁柱加固法等；对于抗震构造措施不符合规范要求的房屋，可在房屋相应位置增设混凝土构造柱和闭合圈梁，增加房屋整体连接性；对于开裂、渗水的楼板（预制空心板），可采取裂缝注胶封堵、外贴碳纤维布防护等措施进行修复。

（二）顶升纠倾加固施工

1. 基础加固施工

地基基础加固过程中，应采取尽量减小对上部结构整体性产生扰动的施工工艺。当地基处理采用换填、预压（反压）等地基处理措施时，应充分考虑基础持力层范围内土体的二次沉降对倾斜房屋的影响；当基础采用截面加大法加固时，应在房屋倾斜背侧先基础开挖、房屋倾斜侧先基础截面加大的施工顺序；当基础采用补桩法加固时，应注意压桩反力对房屋倾斜的影响，施工顺序为在房屋倾斜侧先进行压桩施工。在地基基础加固施工过程中，应对基础沉降和上部房屋倾斜率进行实时观测。

2. 托换梁施工

承重墙体托换梁应分段交互施工，间隔进行设置，待已施工段混凝土达到设计强度后方可进行邻段施工，最后形成闭合连续托换梁体系。托换梁段端部截面可设计成凹凸形以提高界面抗剪能力，端部界面应保持清洁，不得沾满灰尘等杂物。托换梁的纵向钢筋按要求进行焊接，且焊接接头应错开 50%。为避免托换施工凿墙对原建筑物造成的影响，宜采用无震动切割技术对墙体进行切割开洞；为保证托换梁的绝对安全，在托换施工阶段，托换梁位内应设置不少于两个支承芯垫。

托换梁段应具有足够的刚度和强度，每段长度应控制在1.0m范围，且不应大于开间（或窗间）墙段的1/3；在房屋 L 形转角位置，应加强托换梁段连接；对于扩建房屋，同一托换梁段应设置在新旧房屋的交界位置。

3. 顶升纠倾施工

顶升纠倾施工应在房屋地基沉降基本稳定的情况下进行，在施工前应对房屋上部倾斜率再次进行测量，如此时的房屋倾斜率与设计阶段有较大出入，应对顶升量和顶升频率重新计算。

顶升千斤顶布点位置应按施工图纸摆放，并可根据现场实际情况进行微调。如布点位置在门窗洞口及薄弱承重构件等位置，应采取可靠的临时支撑将上部荷载传递到下部牢固的墙体上。

正式顶升施工前，应对顶升设备的千斤顶进行承载力试验（试验荷载取设计荷载的 1.5 倍），试验数量不少于总数的 20%。当顶升用的千斤顶安放到位后，应进行一次试顶升，并全面检查各项工作是否完备、所有千斤顶是否能同步顶升。

在顶升过程中，顶升标尺应设置在监测点位置，单次操作最大顶升量达到 10mm 时应暂停顶升并校核各监测点顶升量，各点顶升量的偏差应小于结构的允许变形值。房屋上升后，可采用高标号、早凝早强砂浆把砖块砌筑于房屋上升后的空隙中。

当顶升的千斤顶行程不足时，应有顺序地交替逐步倒程，防止同时集中倒程导致托换梁应力集中产生危险。在替换千斤顶行程时，应先在千斤顶旁用备用千斤顶支撑牢固后方可卸载回程。在该千斤顶位置下垫放事先准备好的组合钢筋混凝土垫块，千斤顶顶好后方可撤除备用千斤顶，且不得用备用千斤顶继续顶升。

房屋顶升到位后，锁紧所有的千斤顶，及时在顶升空隙内浇筑细石早强微膨胀混凝土。待浇筑的混凝土达到设计强度后，分批、间隔撤除千斤顶，顶升洞口用上述方法浇筑密实。

4. 上部砌体房屋加固施工

上部砌体房屋加固施工，应在地基沉降基本稳定的情况下进行，并综合考虑地基基础承载力情况、房屋倾斜程度和原砌体结构完整性等情况，可先进行上部房屋局部或整体加固，后进行基础加固和房屋顶升。对地基沉降不稳定的房屋，不宜先进行上部房屋整体加固施工，但对已出现开裂、材料强度退化导致连接薄弱的构件和节点，可先进行局部加固施工；对扩建房屋，在顶升施工前，可对新旧房屋交界位置先进行局部加固施工。

砌体房屋构件加固前，应先将构件表面粉刷层剥除干净，并对裸露的构件表面进行清除杂质和湿润（砌体承重墙严禁用水直接冲刷），涂刷界面剂，再进行相应的加固施工。加固砌体房屋施工过程中，严禁对构件进行猛打猛敲以免破坏原结构安全。

5. 顶升纠倾监测

在整个顶升纠倾加固房屋施工过程中，应进行地基沉降和房屋倾斜变形监测。

根据工程特点和监测点的距离要求，沿房屋周边布置若干个控制监测点，采用光学仪器进行实时监测，仪器测量精度应不低于 0.1mm。

根据房屋平面形状布置顶升监测点网格，顶升前预先计算各顶升监测点的顶升量及每次顶升量控制值，采用数据自动采集监测系统，以便及时了解建筑物的顶升情况，实现房屋整体平稳上升。

房屋的顶升纠倾加固是一项技术较为复杂的工作，它要求对原房屋做全面的调查和研究，从工程现场的测量、检测和勘察到顶升加固设计和施工，都必须进行认真细致的研究，以便提出切实可行的纠倾加固方案。

房屋顶升纠倾加固具有以下特点：

①地基基础加固，可显著提高基础的竖向承载力，对沉降倾斜房屋的基础稳定有良好的效果。

②房屋顶升纠倾中托换梁是将房屋上部荷载有效向下传递的关键，因此，分段托换梁本身应具有足够的刚度和强度，分段托换梁间必须连接牢固，形成闭合连续的整体。

③房屋顶升纠倾过程是一项细致、缓慢、循环操作的过程，顶升设备的千斤顶工作性能应可靠，房屋应整体平稳上升，顶升监测必不可少。

④上部砌体房屋的加固应在地基沉降基本稳定的情况下进行。

⑤房屋顶升纠倾加固是一种可靠的加固技术，对沉降倾斜变形的房屋纠倾加固效果明显。

第五章　建筑结构裂缝修补新方法

第一节　混凝土结构裂缝修补

一、混凝土结构典型裂缝的特征、分类与检测

（一）混凝土结构典型裂缝的特征

混凝土结构典型裂缝有典型荷载和非典型荷载。

1. 轴心受拉裂缝的特征

裂缝贯穿结构全截面，大体等间距（垂直于裂缝方向）；用带肋筋时，裂缝间出现位于钢筋附近的次裂缝（见图 5-1）。

2. 轴心受压裂缝的特征

沿构件出现短而密的平行于受力方向的裂缝（见图 5-2）。

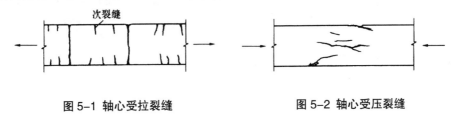

图 5-1　轴心受拉裂缝　　　　　　　图 5-2　轴心受压裂缝

3. 偏心受压裂缝的特征

弯矩最大截面附近从受拉边缘开始出现横向裂缝，逐渐向中和轴发展；用带肋钢筋时，裂缝间可见短向次裂缝（见图 5-3）。

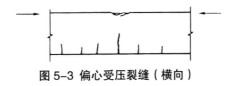

图 5-3　偏心受压裂缝（横向）

沿构件出现短而密的平行于受力方向的裂缝，一般发生在压力较大一侧，且较集中（见图 5-4）。

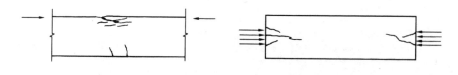

图 5-4 偏心受压裂缝（平行于受力方向）   图 5-5 局部受压裂缝

4. 局部受压裂缝的特征

在局部受压区出现大体与压力方向平行的多条短裂缝（见图 5-5）。

5. 受弯裂缝的特征

弯矩最大截面附近从受拉边缘开始出现横向裂缝，逐渐向中和轴发展，受压区混凝土压碎（见图 5-6）。

6. 受剪裂缝的特征

沿梁端中下部发生约 45° 方向相互平行的斜裂缝（见图 5-7）。沿悬臂剪力墙支承端受力一侧中下部发生一条约 45° 方向的斜裂缝（见图 5-8）。

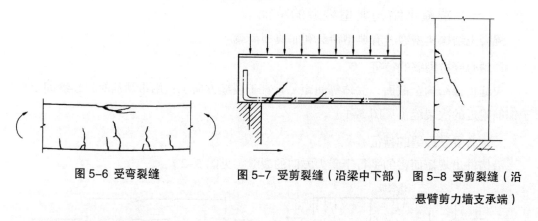

图 5-6 受弯裂缝   图 5-7 受剪裂缝（沿梁中下部）   图 5-8 受剪裂缝（沿悬臂剪力墙支承端）

7. 受扭矩裂缝的特征

某一面腹部先出现多条约 45° 方向斜裂缝，向相邻面以螺旋方向展开（见图 5-9）。

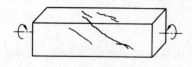

图 5-9 受扭矩裂缝

8. 受冲切裂缝的特征

沿柱头板内四侧发生 45° 方向的斜裂缝；沿柱下基础体内柱边四侧发生 45° 方向斜裂缝（见图 5-10）。

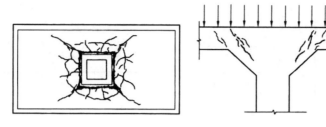

图 5-10 受冲切裂缝

（二）裂缝产生的原因

①框架结构一侧下沉过多。框架梁两端发生裂缝的方向相同；下沉柱上的梁柱接头处可能发生方向相反的裂缝（见图 5-11）。

②梁的混凝土收缩和温度变形。沿梁长度方向的腹部出现大体等间距的横向裂缝，中间宽、两头尖，呈枣核形，至上下纵向钢筋处消失，有时出现整个截面裂通的情况（见图 5-12）。

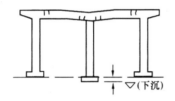
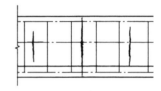

图 5-11 框架结构一侧下沉过多产生的裂缝　图 5-12 梁的混凝土收缩和温度变形产生的裂缝

③混凝土内钢筋锈蚀膨胀引起混凝土表面出现胀裂。沿钢筋方向出现通长的裂缝（见图 5-13）。

④板的混凝土收缩和温度变形。沿板长度方向出现与板跨度方向一致的大体等间距的平行裂缝，有时板角出现斜裂缝（见图 5-14）。

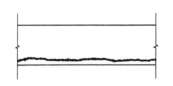
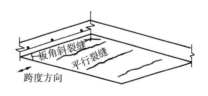

图 5-13 混凝土内钢筋锈蚀膨胀产生的裂缝　图 5-14 板的混凝土收缩和温度变形产生的裂缝

⑤混凝土浇筑速度过快。浇筑 1 ~ 2h 后在板与墙、梁，梁与柱交接部位产生纵向裂缝（见图 5-15）。

⑥水泥安定性不合格或混凝土搅拌、运输时间过长，使水分蒸发，引起混凝土浇筑时坍落度过低；或阳光照射、养护不当。混凝土中出现不规则的网状裂缝（见图 5-16）。

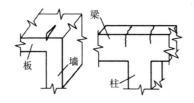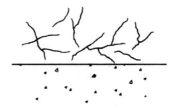

图 5-15 混凝土浇筑速度过快产生的裂缝　　图 5-16 混凝土浇筑过程中坍落过低

或养护不当产生的裂缝

⑦混凝土初期养护时急骤干燥。混凝土与大气接触面上出现不规则的网状裂缝。

⑧用泵送混凝土施工时，为了保证流动性，增加水和水泥用量，导致混凝土凝结硬化时收缩量增加。混凝土中出现不规则的网状裂缝。

⑨木模板受潮膨胀上拱。混凝土板面产生上宽下窄的裂缝（见图 5-17）。

⑩模板刚度不够，在刚浇筑混凝土的（侧向）压力作用下发生变形。混凝土构件出现与模板变形一致的裂缝（见图 5-18）。

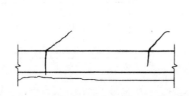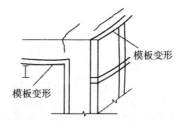

图 5-17 木模板受潮膨胀上拱出现的裂缝　　图 5-18 刚浇筑混凝土在压力作用下产生的裂缝

⑪模板支撑下沉或局部失稳。已浇筑成型的构件产生相应部位的裂缝（见图 5-19）。

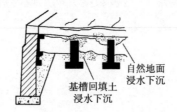

图 5-19 模板支撑下沉或局部失稳产生的裂缝

（三）裂缝分类

1.荷载裂缝

荷载裂缝是荷载（包括地震作用）直接作用下，房屋结构构件由于承载力不足或抗裂能力不足，而产生的裂缝，如图 5-20～5-23 所示。

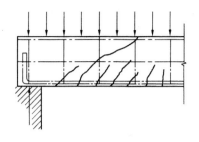

图 5-20 混凝土梁受弯裂缝

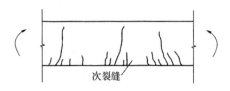

图 5-21 混凝土梁受剪裂缝

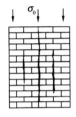

图 5-22 砌体墙受压裂缝

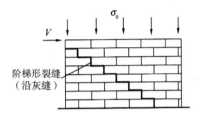

图 5-23 砌体墙受剪产生的沿灰缝处裂缝

2. 非荷载裂缝

非荷载裂缝是除荷载裂缝以外的其他所有裂缝，主要表现为温度裂缝，收缩、干缩、膨胀和不均匀沉降等因素引起的裂缝，如图 5-24 ~ 5-27 所示。

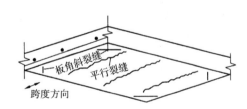

图 5-24 水泥安定性不合格或混凝土搅拌不均产生的裂缝

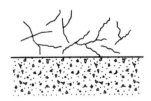

图 5-25 混凝土收缩和温度变形裂缝

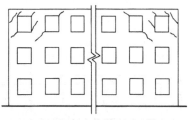

图 5-26 温差、砌体干缩裂缝

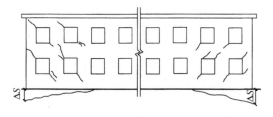

图 5-27 不均匀沉降产生的裂缝

（四）裂缝检测

1. 结构裂缝的检测内容

①部位。

②外观形态。

③数量。

④长度。

⑤宽度。

⑥深度。

⑦发展趋势。

2. 裂缝检测与处理程序（见图 5-28）

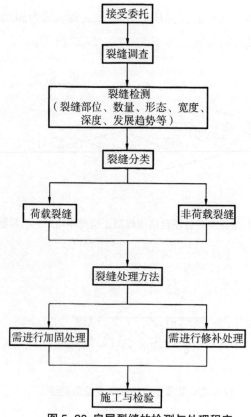

图 5-28 房屋裂缝的检测与处理程序

二、混凝土结构产生裂缝的危害、原因及措施

（一）混凝土结构产生裂缝的危害

裂缝的出现给结构带来了一系列的劣化作用，具体如下：

①贯穿性裂缝改变了结构的受力模式，降低了混凝土结构的整体稳定性，有可能使结构的承载能力受到威胁。

②对于挡水结构及地下结构，贯穿性裂缝会引起渗漏，严重时影响结构的正常使用。非贯穿性裂缝会由于渗透水压力的作用而使得裂缝呈不稳定发展趋势，促使贯穿性裂缝的出现。此外，渗透水的冻融作用还会导致结构发生严重破坏。

③裂缝的开展使结构在偶然荷载（地震）作用下易于破坏，降低结构的安全性。

④过宽的裂缝会导致结构耐久性下降。

（二）混凝土结构产生裂缝的原因及措施

1. 大体积混凝土水化热引起的裂缝

①原因：大体积混凝土凝结和硬化过程中，水泥与水产生化学反应，释放出大量的热量，称为水化热，导致混凝土块温度升高。当混凝土块内部的温度与外部环境温度相差很大，以致形成的温度应力或温度变形超过混凝土当时的抗拉强度或极限拉伸值时，就会产生裂缝。

②措施：合理的分层、分块、分缝，采用低热水泥，添加掺合料（如粉煤灰），埋冷却水管、预冷骨料，加强养护等。

2. 塑性收缩裂缝

①原因：塑性收缩裂缝发生在混凝土浇筑后数小时，混凝土仍处于塑性状态的时刻。在初凝前因表面水分蒸发快，内部水分补充不上，出现表层混凝土干缩，生成网状裂缝。在炎热或大风天气以及混凝土水化热高的条件下，大面积的路面或楼板都容易产生这种裂缝。这类裂缝的宽度可大可小，其长度可由数厘米到数米，深度很少超过5cm，但是薄板也有可能被裂穿。裂缝分布的形状通常是不规则的，有时可能与板的长边正交。

②措施：尽量降低混凝土的水化热，控制水灰比，采用合适的搅拌时间和浇筑措施，以及防止混凝土表面水分过快的蒸发（覆盖席棚或塑料布）等。

3. 混凝土塑性坍落引起的裂缝

①原因：在大厚度的构件中，混凝土浇筑后半小时到数小时即可发生混凝土塑性坍落引起的裂缝，其原因是混凝土的塑性坍落受到模板或顶部钢筋的抑制，在过分凹凸不平的基础上进行浇筑，模板沉陷、移动，以及斜面浇筑的混凝土向下流淌，使混凝土发生不均匀坍落所致。

②措施：采用合适的混凝土配合比（特别要控制水灰比），防止模板沉陷；采用合适的振捣和养护等。在裂缝刚发生，坍落终止后，立即在混凝土表面重新抹面压光，可使此

类裂缝闭合。若发现较晚，混凝土已硬化，则需对这种顺筋裂缝采取措施，以防钢筋锈蚀。

4. 混凝土干缩引起的裂缝

①原因：普通混凝土在硬化过程中，会产生由于干缩而引起的体积变化。当这种体积变化受到约束时，如两端固定梁、高配筋率的梁，以及浇筑在旧混凝土上或坚硬岩基上的新混凝土，都可能产生这种裂缝。这种裂缝的宽度有时很大，甚至会贯穿整个结构。

②措施：改善水泥性能，合理减少水泥用量，降低水灰比，对结构合理分缝，配筋率不要过高等，加强潮湿养护尤为重要。

5. 碱–骨料反应引起的裂缝

碱–骨料反应所形成的裂缝在无筋或少筋混凝土中为网状（龟背状）裂缝，在钢筋混凝土结构中，碱–骨料反应受到钢筋或外力约束时，其膨胀力将垂直于约束力的方向，膨胀裂缝则平行于约束力的方向。

混凝土裂缝是否属于碱–骨料反应损伤，除由外观检查确定外，还应通过取芯检验、综合分析，做出评估和相应的建议。

碱–骨料反应裂缝与收缩裂缝的区别：裂缝出现较晚，多在施工后数年到一二十年后。在受约束的情况下，碱–骨料反应膨胀裂缝平行于约束方向，而收缩裂缝则垂直于约束力方向。碱–骨料反应裂缝出现在同一工程的潮湿部位，湿度愈大，愈严重，而同一工程的干燥部位则无此种裂缝。碱–骨料反应产物碱硅凝胶有时可顺裂缝渗流出来，凝胶多为半透明的乳白色、黄褐色或黑色状物质。

6. 外界温度变化引起的裂缝

①原因：混凝土结构突然遇到短期内大幅度的降温，如寒潮的袭击，会产生较大的内外温差，引起较大的温度应力而使混凝土开裂。海下石油储罐、混凝土烟囱、核反应堆容器等承受高温的结构，也会因温差而引起裂缝。

②措施：对于突然降温，要注意天气预报，采取防寒措施；对于高温要采取隔热措施，或是合适的配筋及施加预应力等。对于长度长的墙式结构，则要与防止混凝土干缩裂缝一起考虑，设置温度–干缩构造缝。

7. 结构基础不均匀沉陷引起的裂缝

①原因：超静定结构的基础沉陷不均匀时，结构构件受到强迫变形，而使结构构件开裂；随着不均匀沉陷的进一步发展，裂缝会进一步扩大。

②措施：根据地基条件和结构形式，采取合理的构造措施，如设置沉陷缝等。

8. 钢筋腐蚀引起的裂缝

钢筋混凝土构件处于不利环境，如容易炭化或渗入氯离子和氧（溶于海水中）的海洋环境，当混凝土保护层过薄，特别是混凝土的密实性不良时，埋在混凝土中的钢筋将生锈，即产生氧化铁。氧化铁的体积比原来未锈蚀的金属大很多，钢筋体积膨胀，对周围混凝土挤压，使其胀裂，这种裂缝通常是"先锈后裂"，其走向沿钢筋方向，称为"顺筋裂缝"，比较容易识别。"顺筋裂缝"发生后，会加速钢筋腐蚀，最后导致混凝土保护层成片剥落。这种"顺筋裂缝"对耐久性的影响较大。

9. 荷载作用引起的裂缝

构件承受不同性质的荷载作用，其裂缝形状也不同，如图 5-29 所示。通常裂缝的方向大致是与主拉应力方向正交。

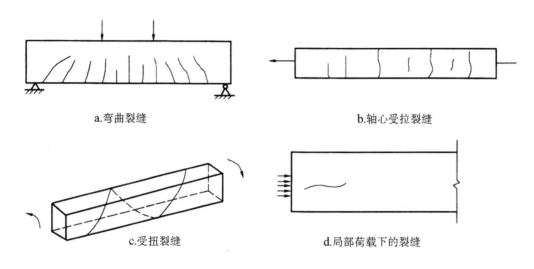

a.弯曲裂缝　　　　　　　　　　　　b.轴心受拉裂缝

c.受扭裂缝　　　　　　　　　　　　d.局部荷载下的裂缝

图 5-29　不同荷载作用下的裂缝

三、混凝土结构裂缝修补方法

（一）表面封闭法修补

1. 表面涂抹水泥砂浆

将裂缝附近的混凝土表面凿毛，或沿裂缝（深进的）凿成深 15 ~ 20mm、宽 150 ~ 200mm 的凹槽，扫净并洒水湿润，先刷水泥净浆一遍，然后用 1 :（1 ~ 2）水泥砂浆分 2 ~ 3 层涂抹，总厚度控制在 10 ~ 20mm，并用铁抹压实抹光。有防水要求时，应用水泥净浆（厚 2mm）和 1 : 2.5 水泥砂浆（厚 4 ~ 5mm）交替抹压 4 ~ 5 层刚性防水泥，涂抹 3 ~ 4h 后进行覆盖，洒水养护。在水泥砂浆中掺入水泥质量 1% ~ 3% 的氯化铁防水剂，可以起到促凝和提高防水性能的效果。为使砂浆与混凝土表面结合良好，抹光后的砂浆面应覆盖塑料薄膜，并用支撑模板顶紧加压。

2. 表面涂抹环氧胶泥或用环氧粘贴玻璃布

涂抹环氧胶泥前，先将裂缝附近 80 ~ 100mm 宽度范围内的灰尘、浮渣用压缩空气吹净，或用钢丝刷、砂纸、毛刷清除干净并洗净，油污可用二甲苯或丙酮擦洗一遍。若表面潮湿，应用喷灯烘烤干燥、预热，以保证环氧胶泥与混凝土黏结良好；若基层难以干燥，则用环氧煤焦油胶泥（涂料）涂抹。较宽的裂缝应先用刮刀填塞环氧胶泥。涂抹时，用毛刷或刮板均匀蘸取胶泥，并涂刮在裂缝表面。采用环氧粘贴玻璃布方法时，玻璃布使用前应在水中煮沸 30 ～ 60min，再用清水漂净并晾干，以除去油蜡，保证黏结。一般贴 1 ～ 2 层玻璃布，第二层布的周围应比下面一层宽 10 ～ 15mm，以便压边。

3. 表面凿槽嵌补

沿混凝土裂缝凿一条深槽，其中 V 形槽用于一般裂缝的治理，U 形槽用于渗水裂缝的治理。槽内嵌水泥砂浆或环氧胶泥、聚氯乙烯胶泥、沥青油膏等，表面作砂浆保护层，具体构造如图 5-30 所示。

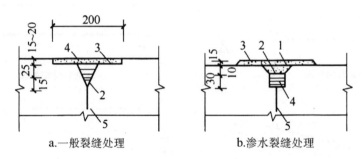

a.—一般裂缝处理   b.渗水裂缝处理

1—水泥净浆（厚 2mm）；   2—1 ∶ 2 水泥砂浆或环氧胶泥；

3—1 ∶ 2.5 水泥砂浆或刚性防水五层做法；   4—聚氯乙烯胶泥或沥青油膏；5—裂缝

图 5-30 表面凿槽嵌补裂缝的构造处理

槽内混凝土面应修理平整并清洗干净，不平处用水泥砂浆填补。保持槽内干燥，否则应先导渗、烘干，待槽内干燥后再行嵌补。环氧煤焦油胶泥可在潮湿情况下填补，但不能有淌水现象。嵌补前，先用素水泥浆或稀胶泥在基层刷一道，再用抹子或刮刀将砂浆（或环氧胶泥、聚氯乙烯胶泥）嵌入槽内压实，最后用 1 ∶ 2.5 水泥砂浆抹平压光。在侧面或顶面嵌填时，应使用封槽托板（做成凸字形表面的钉薄钢板）逐段嵌托并压紧，待凝固后再将托板去掉。

（二）压力注浆法修补

1. 水泥灌浆

水泥灌浆一般用于大体积构筑物裂缝的修补，主要施工程序包括以下各项：

①钻孔。采用风钻或打眼机钻孔，孔距为 1 ～ 1.5m，除浅孔采用骑缝孔外，一般钻孔轴线与裂缝呈 30° ～ 45° 斜角，如图 5-31 所示。孔深应穿过裂缝面 0.5m 以上，当有两排或两排以上的孔时，应交错或呈梅花形布置，但应注意防止沿裂缝钻孔。

②冲洗。每条裂缝钻孔完毕后，应进行冲洗，其顺序按竖向排列自上而下逐孔进行。

③止浆及堵漏。缝面冲洗干净后，在裂缝表面用 1 ∶ 1 ～ 1 ∶ 2 水泥砂浆或环氧胶泥涂抹。

④埋管。一般用直径 19 ～ 38mm、长 1.5m 的钢管作灌浆管（钢管上部加工丝扣）。安装前应在外壁裹上旧棉絮并用麻丝缠紧，然后旋入孔中。孔口管壁周围的孔隙可用旧棉

絮或其他材料塞紧，并用水泥砂浆或硫黄砂浆封堵，以防冒浆或灌浆管从孔口脱出。

⑤试水。用 0.1 ~ 0.2MPa 压力水作渗水试验。采取灌浆孔压水、排气孔排水的方法，检查裂缝和管路的畅通情况。然后关闭排气孔，检查止浆堵漏效果，并湿润缝面，以利黏结。

⑥灌浆。应采用普通水泥，其细度要求经 6400 孔 /cm 筛孔，筛余量在 2% 以下。可使用 2：1、1：1 或 0.5：1 等几种水灰比的水泥净浆或 1：0.54：0.3（水泥：粉煤灰：水）水泥粉煤灰浆，灌浆压力一般为 0.3 ~ 0.5MPa。压完浆孔内应充满灰浆，并填入湿净砂，用棒捣实。每条裂缝应按压浆顺序依次进行。若出现大量渗漏情况，应立即停泵堵漏，然后再继续压浆。

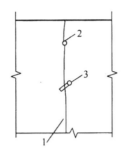

1—裂缝；2—骑缝孔；3—斜孔

图 5-31　钻孔示意图

2. 化学灌浆

化学灌浆与水泥灌浆相比，具有可灌性好，能控制凝结时间，以及有较高的黏结强度和一定的弹性等优点，所以恢复结构整体性的效果较好，适用于各种情况下的裂缝修补及堵漏、防渗处理。

灌浆材料应根据裂缝的性质、缝宽和干燥情况选用。常用的灌浆材料有环氧树脂浆液（能修补缝宽 0.2mm 以下的干燥裂缝）、甲凝（能灌 0.03 ~ 0.1mm 的干燥细微裂缝）、丙凝（用于渗水裂缝的修补、堵水和止漏，能灌 0.1mm 以下的细裂缝）等。环氧树脂浆液具有化学材料较单一，易于购买，施工操作方便，黏结强度高，成本低等优点，所以应用最广，也是当前国内修补裂缝的主要材料。

甲凝、丙凝由于材料较复杂，资源困难，且价格昂贵，因此使用较少，其灌浆工艺与环氧树脂浆液基本相同。

环氧树脂浆液是由环氧树脂（胶黏剂）、邻苯二甲酸二丁酯（增塑剂）、二甲苯（稀释剂）、乙二胺（固化剂）及粉料（填充料）等配制而成的。配制时，先将环氧树脂、邻苯二甲酸二丁酯、二甲苯按比例称量，放置在容器内，于 20 ~ 40℃条件下混合均匀，然后加入乙二胺搅拌均匀即可使用。环氧浆液灌浆工艺流程及设备如图 5-32 所示。灌浆操作主要工序如下：

①表面处理。同环氧胶泥表面涂抹。

②布置灌浆嘴和试气。一般采取骑缝直接用灌浆嘴施灌，而不另行钻孔。灌浆嘴由薄

钢管制成，一端带有钢丝扣以连接活接头，应选择在裂缝较宽处、纵横裂缝交错处以及裂缝端部设置，间距为 40 ~ 50cm，灌浆嘴骑在裂缝中间。贯通裂缝应在两面交错处设置。灌浆嘴用环氧泥子贴在裂缝压浆部位，泥子厚 1 ~ 2mm，操作时要注意防止堵塞裂缝。裂缝表面可用环氧泥子（或胶泥）或早强砂浆进行封闭。待环氧泥子硬化后，即可进行试气，了解缝面通顺情况。试气时，气压保持在 0.2 ~ 0.4MPa，垂直缝从下往上，水平缝从一端向另一端。在封闭带边上及灌浆嘴四周涂肥皂水检查，若发现泡沫，表示漏气，应再次封闭。

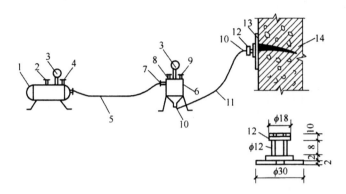

1—空气压缩机；2—调压阀；3—压力表；4—送气阀；

5—高压风管（氧气带）；6—压浆罐；7—进气嘴；8—进浆罐口；9—出气阀；

10—铜活接头；11—高压塑料透明管；12—灌浆嘴；13—环氧封闭带；14—裂缝

图 5-32 环氧浆液灌浆工艺流程及设备

③灌浆及封孔。将配好的浆液注入压浆罐内，旋紧罐口，先将活接头接在第一个灌浆嘴上，随后开动空气压缩机（气压一般为 0.3 ~ 0.5MPa）进行送气，即将环氧浆液压入裂缝中，经 3 ~ 5min，待浆液顺次从邻近灌浆嘴喷出后，立即用小木塞将第一个灌浆孔封闭。然后按同样方法依次灌注其他嘴孔。为保持连续灌浆，应预备适量的未加硬化剂的浆液，以便随时加入乙二胺随时使用。灌浆完毕，应及时用压缩空气将压浆罐和注浆管中残留的浆液吹净，并用丙酮冲洗管路及工具。环氧浆液一般在 20 ~ 25℃下，经 16 ~ 24h 即可硬化。在浆液硬化 12 ~ 24h 后，可将灌浆嘴取下重复使用。灌浆时，操作人员要带防毒口罩，以防中毒。配制环氧浆液时，应根据气温控制材料温度和浆液的初凝时间（1h左右），以免浪费材料。在缺乏灌浆泵时，较宽的平、立面裂缝亦可用手压泵或兽医用注射器进行。

（三）填充密封法修补

填充密封法适合修补中等宽度的混凝土裂缝，将裂缝表面凿成凹槽，然后用填充材料进行修补。对于稳定性裂缝，通常用普通水泥砂浆、膨胀砂浆或树脂砂浆等刚性材料填充；对于活动性裂缝，则用弹性嵌缝材料填充。

1.刚性材料填充法施工要点

①沿裂缝方向凿槽，缝口宽度不小于 6mm。

②清除槽口油、污物、石屑、松动石子等，并冲洗干净。

③采用水泥砂浆填充（槽口湿水）或采用环氧胶泥、热焦油、聚酯胶、乙烯乳液砂浆充填（槽口应干燥）。

2.弹性材料填充法施工要点

①沿裂缝方向凿一个矩形槽，槽口宽度至少为裂缝预计张开量的 4～6 倍，以免嵌缝料过分挤压而开裂。槽口两侧应凿毛，槽底平整光滑，并设隔离层，使弹性密封材料不直接与混凝土黏结，避免密封材料被撕裂。

②冲洗槽口，并使其干燥。

③嵌入聚乙烯片、蜡纸、油毡、金属片等类隔离层材料。

④填充丙烯酸树脂或硅酸酯、聚硫化物、合成橡胶等弹性密封材料。

3.刚、弹性材料填充法施工要点

刚、弹性材料填充法适合裂缝处有内水压或外水压的情况，做法如图 5-33 所示。槽口深度等于砂浆填塞料与胶质填塞料厚度之和，胶质填塞料厚度通常为 6～40mm，槽口厚度不小于 40mm，槽口宽度为 50～80mm，封填槽口时槽口必须清洁干燥。

在相应裂缝位置的砂浆层上应做楔形松弛缝，以适应裂缝的张合运动。

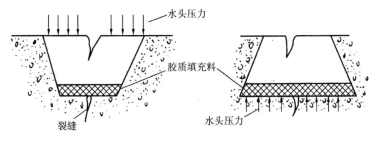

图 5-33 有水压时裂缝的填充

（四）混凝土结构裂缝施工处理与检验

1.采用注射法施工时，应按下列要求进行处理及检验

①在裂缝两侧的结构构件表面应每隔一定距离黏接注射筒的底座，并沿裂缝的全长进行封缝。

②封缝胶固化后方可进行注胶操作。

③灌缝胶液可用注射器注入裂缝腔内，并应保持低压、稳压。

④注入裂缝有胶液固化后，可撤除注射筒及底座，并用砂轮磨平构件表面。

⑤采用注射法的现场环境温度及构件温度不宜低于12℃，且不应低于5℃。

此方法适用于宽度为 0.1～1.5mm 的静态独立裂缝。

2.采用压力注浆法施工时，应按下列要求进行处理及检验

①进行压力注浆前应骑缝或斜向钻孔至裂缝深处，并埋设注浆管，注浆嘴应埋设在裂缝端部、交叉处和较宽处，间隔为 300～500mm。对于贯穿性深裂缝，应每隔 1～2m 加

设一个注浆管。

②封缝应使用专用的封缝胶，胶层应均匀无气泡、砂眼，厚度大于2mm，与注浆嘴连接密封。

③封缝胶固化后，应使用洁净无油的压缩空气试压，确认注浆通道是否通畅、密封、无泄漏。

④注浆应按由宽到细、由一端到另一端、由低到高的顺序依次进行。

⑤缝隙全部注满后应继续稳定压力一定时间，待吸浆率小于50mL/h后停止注浆，关闭注浆嘴。

3. 采用填充密封法施工时，应按下列要求进行处理及检验

①进行填充密封前应沿裂缝走向骑缝开凿V形槽或U形槽，并仔细检查凿槽质量；

②当有钢筋锈胀裂缝时，凿出全部锈蚀部分，并进行除锈和防锈处理；

③当需设置隔离层时，U形槽的槽底应为光滑的平底，槽底铺设隔离层（见图5-34），隔离层应紧贴槽底，且不应吸潮膨胀，填充材料不应与基材相互反应；

④向槽内灌注液态密封材料时，应灌至微溢并抹平；

⑤静止的裂缝和锈蚀裂缝可采用封口胶或修补胶等进行填充，并用纤维织物或弹性涂料封护；活动裂缝可采用弹性和延性良好的密封材料进行填充封护。

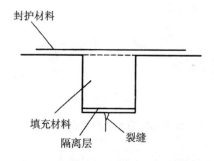

图5-34 裂缝处开U形槽充填修补材料

四、常见混凝土结构板、梁、柱裂缝与处理措施

（一）预应力混凝土空心板裂缝与处理措施

预应力混凝土空心板裂缝的特点、原因与措施见表5-1。

表 5-1 预应力混凝土空心板裂缝的特点、原因与预防措施

裂缝位置	特点	原因	预防措施
预应力混凝土空心板板面纵向裂缝	发生在采用拉模生产工艺的空心板，一般多在拉抽钢管时发生，裂缝的位置就在空心孔洞的上方，沿板面纵向分布，属塑性塌落裂缝	①混凝土水灰比较大；②拉抽钢管时管子有上下跳动现象；③拉抽钢管速度不均匀等	①采用适宜的配合比（控制水灰比或坍落度）；②拉抽钢管时，速度应均匀，避免偏心受力，并防止管子产生上下跳动现象
预应力混凝土空心板板面横向裂缝	多发生在混凝土终凝后和养护期间，特点是板面横向裂缝每隔一段距离就出现一条，深度一般不超过板的上翼缘厚度	①塑性收缩裂缝即在混凝土浇筑后未及时采取防晒、防大风及潮湿养护措施，由于气候干燥、温差较大，混凝土产生塑性收缩所造成的；②超张拉力裂缝即预应力钢丝发生过量超张拉现象	①加强混凝土的潮湿养护，避免暴晒；②控制好预应力钢筋的张拉应力，避免过量超张拉
预应力混凝土空心板板底纵向裂缝	多在混凝土硬化后数十天甚至数月、数年内出现，特点是裂缝多沿纵向钢筋分布，且随时间的增长，裂缝有进一步发展的趋势，这种裂缝一般属于钢筋锈蚀裂缝	大多是由于混凝土保护层过薄或使用外加剂不当引起钢筋锈蚀所致的	①严格控制混凝土保护层厚度（钢筋位置）；②选用性能优良的、不使钢筋锈蚀的外加剂
预应力混凝土空心板板底横向裂缝	多发生在起吊、运输或上房以后，特点是裂缝垂直于板跨，一般多在跨中，有一条或数条裂缝，其裂缝宽度一般较窄，裂缝高度一般不超过板高的2/3	①起吊时，台座吸附力过大；②运输过程中支点不当或猛裂振动；③施工过程中出现超载；④混凝土强度过低或质量低劣。因此，这种裂缝属于荷载引起的应力裂缝	①采用性能良好的模板隔离剂；②运输过程中将空心板支座垫好，并防止运输时出现猛烈振动；③施工过程中防止超载；④提高混凝土质量
预应力混凝土空心板板底接缝裂缝（如图5-35）	多在楼板粉刷交付使用后发生，有的甚至在使用数年后才发生	①如果这种裂缝发生在楼板底面，则是由于空心板板缝灌缝质量不佳所致的；②如果这种裂缝发生在层面板底面，则是由于层面保温层保温隔热性能不好，引起屋面板产生"温度起伏"或"温度变形"所致的	①预应力混凝土空心板作为楼板时，应注意将板缝拉开，一般使空心板下口缝（板底处）为20～30mm，用C20～C50细石混凝土灌缝，并加强养护，以确保灌缝质量；②预应力混凝土空心板作为屋面板时，设计上保温层应达到节能标准，施工时应确保质量，以减小层面板的温度变形

裂缝位置	特点	原因	预防措施
预应力混凝土空心板支座处裂缝	多在建筑物交付使用一段时间后出现，如果空心板支座处为矩形梁，则出现如图5-36所示的沿梁长的一条裂缝；如果空心板支座处为花篮梁，则出现如图5-37所示的沿梁长的两条裂缝	目前楼板一般皆设计为简支，并且在支座处多未采取局部加强措施，因此，当楼板承受荷载后，由于楼板下挠致使支座处产生了拉应力（由支座负弯矩引起），从而造成板端支座处出现裂缝	①搞好楼板的灌缝质量，提高楼板的整体受力性能；②在楼板支座处，沿梁长放置钢筋网片，以抵抗支座处的负弯矩

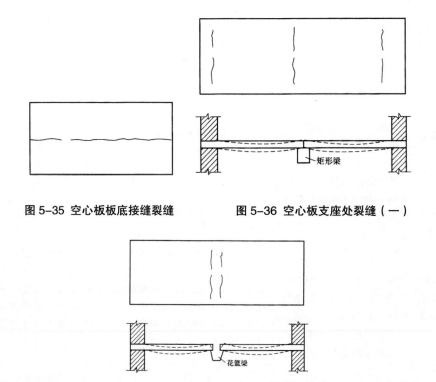

图 5-35 空心板板底接缝裂缝　　　　图 5-36 空心板支座处裂缝（一）

图 5-37 空心板支座处裂缝（二）

（二）预应力混凝土大型层面板裂缝与处理措施

预应力混凝土大型屋面板裂缝的特点、原因与预防措施见表5-2。

表 5-2　预应力混凝土大型层面板裂缝的特点、原因与预防措施

裂缝位置	特点	原因	预防措施
预应力大型层面板板面裂缝（如图 5-38）	一般在混凝土终凝后或在养护期间发生	同预应力混凝土空心板板面横向裂缝	同预应力混凝土空心板板面横向裂缝
预应力大型层面板纵肋端部裂缝（如图 5-39）	裂缝多发生在预应力大型层面板上房以后，裂缝在纵肋的两端，近似 45° 的倾斜方向	①大型层面板是按简支板设计的，但实际施工安装时，支座系三点焊接，因此支座有一定的嵌固约束作用，对板端产生一定的局部应力；②当层面保温层设计标准偏低和施工质量不好时，层面板将会产生一定的"温度起伏"，致使板端产生一定的局部应力，局部应力造成板端出现斜向裂缝	在板端肋部垂直于斜裂缝方向，各增加一根斜向钢筋，此钢筋一端焊在板端预埋件上，一端向上弯起，并锚固在板的上翼内
预应力大型层面板横肋角部裂缝（如图 5-40）	一般出现在板端横肋变断面处，呈 45° 的斜向裂缝，这种裂缝一般在端肋出现一处，严重者四个角可能同时出现	①在脱模起吊时，由于模板对构件的吸附力不均匀，造成构件不能水平同时脱模，后脱模的一角容易拉裂；②构件出池后，构件本身温差较大，使角部易产生裂缝；③横肋端部断面突变，易产生应力集中现象	①将变断面处的折线角改为圆弧形角，以减少应力集中；②在易裂缝区域，加长度为 300mm、直径为 $\phi 6$ 的构造钢筋，以提高其抗裂性能和限制裂缝开展

图 5-38　大型层面板板面裂缝

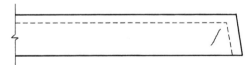

图 5-39　大型层面板纵肋端部裂缝

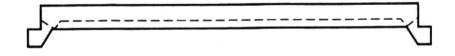

图 5-40　大型层面板横肋角部裂缝

（三）钢筋混凝土墙体常见裂缝与处理措施

钢筋混凝土墙体裂缝的特点、原因与预防措施见表 5-3。

表 5-3 钢筋混凝土墙体裂缝的特点、原因与预防措棉

裂缝位置	特点	原因	预防措施
钢筋混凝土墙板裂缝（如图 5-41）	①顶层重下层轻；②两端重中间轻；③向阳重，背阴轻，裂缝形状呈八字形，属于温度应力裂缝	①层面保温性能不好；②混凝土强度偏低；③构造及配筋处理不当	①按节能标准，做好层面保温隔热设计和施工；②设计时加强顶层墙面的抵抗温度变化的构造措施，如在门窗洞口处加斜向钢筋，适当加强墙板的分布钢筋等；③施工中严格控制好混凝土的强度和水灰比，尽量减少混凝土的收缩变形
钢筋混凝土剪力墙裂缝（图 5-42）	裂缝多出现在剪力墙的上部，通常在混凝土浇筑后不久即产生	由于浇灌混凝土速度较快，造成混凝土产生沉缩裂缝	控制混凝土的水灰比和浇筑速度，以减少混凝土沉缩裂缝

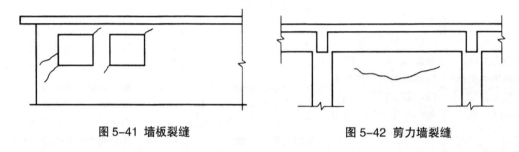

图 5-41 墙板裂缝　　　　　　　图 5-42 剪力墙裂缝

（四）钢筋混凝土梁常见裂缝与处理措施

钢筋混凝土梁裂缝的特点、原因与预防措施见表 5-4。

表 5-4 钢筋混凝土梁裂缝的特点、原因与预防措施

裂缝位置	特点	原因	预防措施
钢筋混凝土梁侧面垂直裂缝和水纹裂缝	多在拆模后一段时间出现，水纹状龟裂缝多在梁上下边缘出现，且沿梁全长呈非均匀分布，这种裂缝一般深度较浅，属于表层裂缝；竖向裂缝一般沿梁长度方向每隔一段有一条，其裂缝高度严重者可能波及整个梁高，裂缝形状有时呈"中间大两头小"的枣形裂缝，其深度大小不一，严重者裂缝深度为 10～20mm	①产生水纹裂缝的原因是模板浇水不够，特别是采用了未经水湿透的木模时，容易产生此类裂缝；②产生竖向裂缝的原因是混凝土养护时浇水不够，特别是在模板拆除后，未做潮湿养护，或因天气炎热，在阳光暴晒的情况下，容易产生上述裂缝，属于混凝土塑性收缩和干缩裂缝	加强潮湿养护，防止暴晒
钢筋混凝土梁顺筋裂缝	一般多在交付使用一段时间后出现。特点是在梁下部侧面或底面钢筋部位出现顺筋裂缝，裂缝随时间的增长有逐渐发展的趋势	钢筋锈蚀，使钢筋膨胀所致	加强防腐、防锈保护，防止雨水冲刷

裂缝位置	特点	原因	预防措施
钢筋混凝土集中荷载处斜向裂缝（如图5-43）	多在主次梁结构体系中发生。特点是在次梁与主梁交接处，次梁下面两侧出现斜向裂缝，这种裂缝属于荷载作用裂缝	①混凝土强度过低；②加密箍筋或吊筋配置不足；③吊筋上移所致	按规范规定设计横向钢筋，施工时应确保混凝土施工质量和钢筋位置的准确性
钢筋混凝土大梁两端裂缝（如图5-44）	多在交付使用后出现。特点是裂缝分布在大梁两端，呈斜向裂缝，且上口大下口小	大梁两端有较大的约束造成的	在梁端配置一定数量的构造钢筋
钢筋混凝土圈梁、框架梁、基础梁裂缝（如图5-45 ~ 5-47）	一般呈斜向裂缝，且多出现在跨中部位，但有时也可能出现在端部（如框架梁），裂缝大部分贯穿整个梁高	由于地基不均匀沉降所引起，因此其裂缝的走向与地基不均匀沉降方向相一致	做好地基加固处理

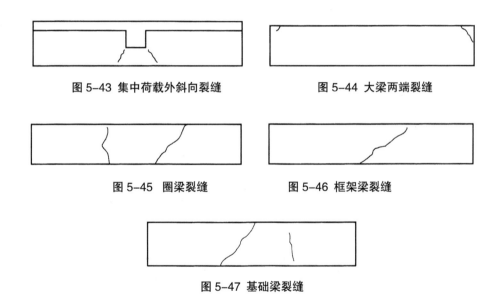

图 5-43 集中荷载外斜向裂缝　　　　图 5-44 大梁两端裂缝

图 5-45 圈梁裂缝　　　　图 5-46 框架梁裂缝

图 5-47 基础梁裂缝

（五）钢筋混凝土柱常见裂缝与处理措施

钢筋混凝土柱裂缝的特点、原因与预防措施见表5-5。

表 5-5 筋混凝土柱裂缝的特点、原因与预防措施

裂缝位置	特点	原因	预防措施
钢筋混凝土柱水平裂缝及水纹裂缝（如图5-48a）	多在拆模时或拆模后发生。特点是水纹裂缝多沿柱四角出现，呈不规则的龟裂裂缝；严重者沿柱高每隔一段距离出现一条横向裂缝，这种裂缝宽度大小不一，轻者如发丝状，重者缝宽为 0.2 ~ 0.3mm，裂缝深度一般不超过 30mm	①模板干燥吸收了混凝土的水分，导致水纹裂缝产生；②天气炎热或未进行充分潮湿养护，导致横向裂缝产生	防止暴晒
钢筋混凝土柱顺筋裂缝（如图5-48b）	属于钢筋锈蚀裂缝	同钢筋混凝土梁顺筋裂缝	同钢筋混凝土梁顺筋裂缝
钢筋混凝土柱纵向劈裂裂缝（如图5-48c）	在施工阶段或使用阶段皆可能发生。特点是一般在柱的中部出现纵向劈裂状裂缝，有时在柱头和柱根也可能出现	①设计错误；②混凝土强度过低；③施工阶段或使用阶段超载	①严格按照规范的规定设计；②按规定选择混凝土强度等级；③严禁超载
钢筋混凝土柱X形裂缝（如图5-48d）	一般多在地震发生后出现，属于地震作用的剪切型裂缝	地震作用引起	做好结构抗震加固处理
钢筋混凝土柱柱头水平裂缝（如图5-49）	在施工过程或使用过程中都可能发生。特点是水平裂缝多发生在梁柱交界处或无梁楼盖的柱帽下部	由于柱基不均匀沉降所致	做好桩基加固处理
钢筋混凝土柱内侧裂缝（如图5-50）	一般发生在单层工业厂房的排架柱。特点是水平裂缝发生在柱子的内侧，且多在上柱和下柱的根部出现。这种裂缝属于少见裂缝	厂房内部地面荷载过大，从而导致柱基发生转动（倾斜）变形，致使钢筋混凝土柱产生一附加弯矩，当此附加弯矩产生的拉应力超过柱子混凝土抗拉强度时，柱内侧即产生裂缝	①搞好柱基和地面设计，防止因地面荷载使柱基产生过大变形；②防止在使用过程中地面超载

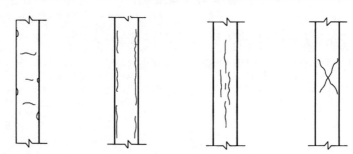

a.柱水平裂缝及水纹裂缝 b.柱顺筋裂缝 c.柱纵向劈裂裂缝 d.柱X形裂缝

图 5-48 钢筋混凝土柱裂缝

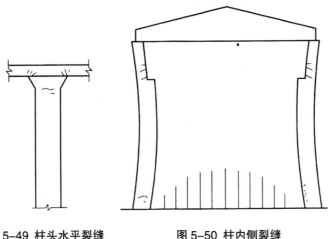

图 5-49 柱头水平裂缝　　　　**图 5-50 柱内侧裂缝**

（六）钢筋混凝土挑檐、雨篷和阳台常见裂缝与处理措施

1. 钢筋混凝土挑檐裂缝

钢筋混凝土挑檐裂缝如图 5-51 所示。钢筋混凝土挑檐裂缝一般有两种，一种为沿挑檐长度方向每隔一段距离有一条横向裂缝，这种裂缝一般外口大内口小，是楔形裂缝，且在挑檐拐角、转折处较为严重；另一种为挑檐根部的纵向裂缝。

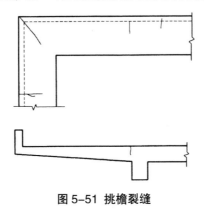

图 5-51 挑檐裂缝

第一种裂缝是由于温度和混凝土收缩所引起的，在挑檐拐角和转折处较为严重，是由于该处还附加有应力集中的影响。第二种裂缝多是由于挑檐主筋下移或混凝土强度过低所致的。

预防第一种裂缝的措施如下：

①严格控制混凝土水灰比或坍落度，在确保混凝土浇筑质量的情况下，适当减小水灰比。

②加强挑檐混凝土的潮湿养护，以减少混凝土的收缩。

③挑檐较长时，可每隔 30m 左右设置伸缩缝。

④施工时预留"后浇带"。

预防第二种裂缝的措施是将挑檐主筋牢固固定，防止将主筋踩下。

2. 钢筋混凝土雨篷裂缝

一般出现在雨篷的根部，其原因多为主筋下移所致。

3. 钢筋混凝土阳台裂缝

一般发生在阳台根部，可以说是阳台质量的"常见病"，其原因是施工时主筋被踩下移所致。

预防这种裂缝的措施，除应加强施工质量管理，防止主筋被踩下以外，主要还是应从设计构造上加以改进。

①阳台上部主筋多伸入阳台过梁（圈梁）内，由于阳台板一般低于室内 20 ~ 50mm，所以阳台主筋多从梁架立筋下通过，阳台主筋在梁内无固定点，难以保证准确位置，一旦施工中被踩，立即降低阳台根部截面的有效高度，致使阳台的抗裂度和强度大大降低。

为了确保阳台主筋的正确位置，可在梁中增设 2 根架立钢筋，用以固定阳台板的主筋。

②对于悬挑较大的阳台，除采取上述措施外，应在其下部配钢筋，一方面可以固定上部主筋位置，另一方面也可抵抗地震时阳台根部产生的正弯矩。

（七）钢筋混凝土和预应力混凝土屋架常见裂缝与处理措施

1. 屋架端节点裂缝

屋架端节点裂缝如图 5-52 所示，一般可归纳为常见六种类型的裂缝。

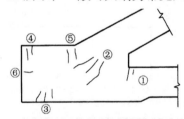

图 5-52 屋架端节点裂缝

（1）造成这六种裂缝产生的主要原因

①豁口处产生应力集中。施工中支座偏里，使豁口处产生较大的次应力；受力钢筋锚固不良。

②上弦压应力集中。裂缝多与上弦平行。

③屋架端部底面不平，与支座接触不良，造成屋架端部底面应力集中。屋架支座偏外，引起屋架端部底面产生附加拉应力。

④屋面板的局部压力过大。裂缝多在使用过程中出现。

⑤上弦顶面变截面处应力集中。上弦主筋在端节点处锚固不良，裂缝主要出现在预应力钢筋混凝土拱形屋架上。

⑥张拉预应力钢筋时的局部压应力过大。裂缝主要产生在预应力钢筋混凝土拱形屋架和托架上。

（2）预防上述裂缝的措施

①严格按屋架标准图进行配筋和施工。

②安装屋架时应保证支点位置准确。

③保证混凝土的施工质量。

2. 屋架上弦杆裂缝

屋架上弦杆裂缝如图 5-53 所示。这种裂缝多发生在屋架上弦的顶面，且在预应力混凝土层架上产生。造成这种裂缝产生的原因如下：

①张拉下弦预应力钢筋时有超张拉现象。

②混凝土强度过低。

3. 屋架下弦杆纵向裂缝

屋架下弦杆纵向裂缝如图 5-54 所示，一般在预应力混凝土屋架中产生。其原因往往是由于拉抽钢管不当所致的，因此，多在未张拉预应力钢筋时即已出现。这种裂缝将危及屋架下弦杆的安全，所以应进行加固处理。其方法是在张拉预应力钢筋前，用包型钢法进行加固处理。

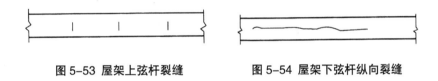

图 5-53 屋架上弦杆裂缝　　　　图 5-54 屋架下弦杆纵向裂缝

第二节　砌体结构裂缝修补

一、砌体结构裂缝特征与分类

（一）砌体结构裂缝特征

①受压。承重墙或窗间墙中部多为竖向裂缝，中间宽、两端窄（见图 5-55）。

②偏心受压。受偏心荷载的墙或柱在压力较大一侧产生竖向裂缝；另一侧产生水平裂缝，边缘宽，向内渐窄（见图 5-56）。

③局部受压。梁端支承墙体受集中荷载处产生竖向裂缝并伴有斜裂缝（见图 5-57）。

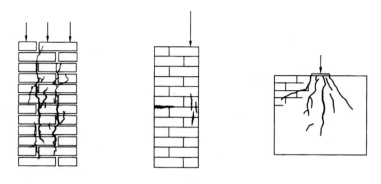

图 5-55 受压裂缝　图 5-56 偏心受压裂缝　图 5-57 局部受压裂缝

④受剪。受压墙在水平荷载处产生水平通缝，或沿灰缝阶梯形裂缝；受压墙体水平荷载处产生沿灰缝和砌块阶梯形裂缝（见图 5-58）。

图 5-58 受剪裂缝

⑤地震作用。承重横墙及纵墙窗间墙产生斜裂缝或 X 形裂缝（见图 5-59）。

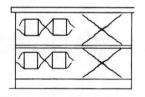

图 5-59 地震作用裂缝

⑥不均匀沉降。底层大窗台下、建筑物顶部、纵横墙交接处产生竖向裂缝，其上部宽、下部窄（见图 5-60）。窗间墙上下对角处产生水平裂缝，其边缘宽，向内渐窄（见图 5-61）。

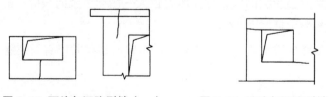

图 5-60 不均匀沉降裂缝（一）　　图 5-61 不均匀沉降裂缝（二）

⑦温度变形、砌体干缩变形。纵、横墙竖向变形较大的窗口对角处易产生裂缝，一般下部多、上部少；两端多、中部少。斜裂缝呈正八字形（见图 5-62）。

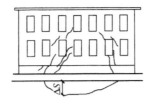

图 5-62　温度变形、砌体干缩变形裂缝（一）

纵、横墙挠度较大的窗口对角处易产生裂缝，一般下部多，上部少；两端多，中部少。斜裂缝呈倒八字形（见图 5-63）。

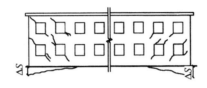

图 5-63　温度变形、砌体干缩变形裂缝（二）

纵墙两端部靠近屋顶处的外墙及山墙易产生斜裂缝，呈正八字形（见图 5-64）。

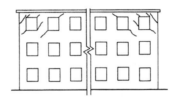

图 5-64　温度变形、砌体干缩变形裂缝（三）

外墙屋顶、靠近屋面圈梁墙体、女儿墙底部、门窗洞口处易产生水平裂缝，均宽（见图 5-65）。

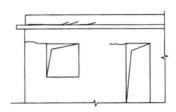

图 5-65　温度变形、砌体干缩变形裂缝（四）

房屋两端横墙易产生 X 形裂缝（见图 5-66）。

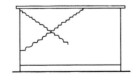

图 5-66　温度变形、砌体干缩变形裂缝（五）

门窗、洞口、楼梯间等薄弱处易产生竖向裂缝，均宽，贯通全高（见图5-67）。

图5-67 温度变形、砌体干缩变形裂缝（六）

（二）砌体结构裂缝分类

1. 斜裂缝

在窗口转角、窗间墙、窗台墙、外墙及内墙上都可能产生裂缝。大多数情况下，纵向墙的上部两端出现斜裂缝的概率高，裂缝往往通过窗口的两对角，且在窗口处缝宽较大，向两边逐渐缩小。在靠近平屋顶下的外墙上或者在内部的横隔墙上和山墙上的斜裂缝呈正八字形。有些裂缝在建筑物的外墙下部也呈正八字形，其形状是下裂部缝宽，向上部逐渐延伸缩小宽度。在个别建筑物上，也发现过倒八字形裂缝。

2. 墙上的水平裂缝

由于上部砌体抗拉与抗剪强度的非均匀性，外墙上的斜裂缝往往与水平裂缝互相组合出现，形成一段斜裂缝和一段水平裂缝相组合的混合裂缝。水平裂缝一般沿灰缝错开，而斜裂缝既可能沿灰缝又可能横穿砌块和砖块。

3. 竖向裂缝

这种裂缝常出现在窗台墙上，及窗孔的两个下角处，有的出现在墙的顶部，上宽下窄，多数窗台缝出现在底层，二层以上很少发现。

裂缝一般在施工后不久（1～3个月）就开始出现，并随时间而发展，延续至数月，有的数年才稳定。有些建筑物在承重墙的中部出现竖向裂缝，上宽下窄，墙体如承受负弯矩作用的结构。

混合结构的门窗孔上常设置钢筋混凝土圈梁、过梁等构件，在梁端部的墙面上常出现局部竖向或稍倾斜的裂缝。裂缝中间宽，上下端小，有的还通至窗口下角附近。当过梁不露明（暗梁）时，裂缝细微或不易发现。过梁外露者裂缝都很明显，过梁越大，裂缝越明显。

在一幢混合结构房屋中往往有两种甚至数种不同层数的结构，而且楼板相互错开，在错层处的墙面上常出现竖向裂缝，裂缝较宽，有的为几毫米至十余毫米。在较长建筑物的楼梯间中，楼板在楼梯中间断开，在楼板的端部墙上亦常出现竖向裂缝。

平屋顶的建筑中，常用女儿墙作为屋顶平台的围栏，起安全围护作用；有的则作为一种建筑艺术的需要而设置各种高度的女儿墙。砖砌女儿墙常出现各种形状的裂缝——竖向、斜向及水平缝，同时还伴随着女儿墙的外移、外倾及侧向弯曲等现象。

窗台墙的裂缝原因有多种，如地基的变形、地基反压力和窗间墙对窗台墙的作用，使窗台墙向上弯曲，在墙的1/2跨度附近出现弯曲拉应力，导致上宽下窄的竖向裂缝；同时窗间墙给窗台墙施加压力，在窗角处产生较大的剪应力集中，引起下窗角的开裂。另外，有人认为窗台墙处于几乎是在两端嵌固和基础约束的条件下，所以其温度及干缩变形引起较大的约束应力，从而导致开裂。这两种因素对窗台墙都起作用，应力在裂缝处是叠加的，只是在不同地区和不同施工条件下两种因素所占的比例有所不同。

过梁端部和错层部位墙体的裂缝是由组合结构的变形差异引起的。如过梁的收缩和降温变形在梁端达到最大值，错层的钢筋混凝土楼板在错层处（楼板端处）的变形也达到最大值，而砌体在这些部位却没有适应梁板端部变形的余地，变形达到一定数值后，引起局部承载过大而开裂。

关于女儿墙的裂缝，必须从女儿墙、保温层、钢筋混凝土顶板的相互作用关系进行分析。钢筋混凝土顶板受太阳辐射或夏季较高气温作用产生温度变形，而砖砌体的温度偏低且线膨胀系数小于钢筋混凝土的线膨胀系数，所以屋顶板膨胀变形必然推挤女儿墙，致使女儿墙承受剪切应力和偏心拉力，在最大变形区——墙角区引起竖向、斜向或水平开裂，同时产生明显的侧移。屋顶面层和保温层越厚，越密实，且直接顶紧女儿墙侧面时开裂及外移愈加严重。

解决该问题的有效办法是采用"放"的原则，使屋顶处不具备"抗"的条件，在女儿墙与保温层、面砖等结构之间设置隔离层，如10～15cm防水油膏或聚氯乙烯胶泥等柔性材料，或以天沟将其隔离并做好保温隔热。同时在女儿墙顶适当配置构造筋以提高抗裂能力，可谓"以放为主，抗放兼施"的原则。

二、砌体结构裂缝产生原因

（一）地基不均匀沉降

地基不均匀沉降将引起砌体受拉、受剪，从而在砌体中产生裂缝。裂缝与工程地质条件、基础构造、上部结构刚度、建筑体形以及材料和施工质量等因素有关。常见裂缝有以下几种类型：

①斜裂缝。这是最常见的一种裂缝。建筑物中间沉降大，两端沉降小（正向挠曲），墙上出现八字形裂缝，反之则出现倒八字形裂缝，如图5-68a、b所示。多数裂缝通过窗对角在紧靠窗口处裂缝较宽。在等高长条形房屋中，两端比中间裂缝多。产生这种斜裂缝的主要原因是地基不均匀变形，使墙身受到较大的剪切应力，造成了砌体的主拉应力过大而破坏。

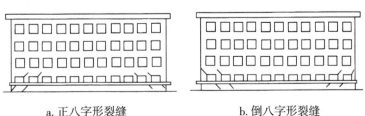

a. 正八字形裂缝　　　　　　　b. 倒八字形裂缝

图5-68 地基不均匀沉降引起的裂缝

②窗间墙上水平裂缝。这种裂缝一般成对地出现在窗间墙的上下对角处，沉降大的一边裂缝在下，沉降小的一边裂缝在上，也是靠窗口处裂缝较宽。裂缝产生的主要原因是地基不均匀沉降，使窗间墙受到较大的水平剪力。

③竖向裂缝。这种裂缝一般产生在纵墙顶层墙或底层窗台墙上。顶层墙竖向裂缝多数是建筑物反向挠曲，使墙顶受拉而开裂。底层窗台上的裂缝多数是由于窗口过大，窗台墙起了反梁作用而引起的。两种竖向裂缝都是上面宽，向下逐渐缩小。

④单层厂房与生活间连接墙处的水平裂缝。这种裂缝多数是温度变形造成的，但也有的是由于地基不均匀沉降，使墙身受到较大的来自屋面板水平推力而产生的。

以上各种裂缝出现的时间往往在建成后不久，裂缝的严重程度随着时间逐渐发展。

（二）温度变形

砌体在温度发生较大的变化时，由于热胀冷缩的原因，在砌体结构内会产生拉应力，当拉应力大于砌体的抗拉强度时，砌体会开裂。

由于温度变化引起砖墙、柱开裂的情况较普遍，最典型的是位于房屋顶层墙上的八字形裂缝。其他还有女儿墙角裂缝、女儿墙根部的水平裂缝、沿窗边（或楼梯间）贯穿整个房屋的竖直裂缝、墙面局部的竖直裂缝、单层厂房与生活间连接处的水平裂缝，以及比较空旷高大房间窗口上下水平裂缝等。产生温度收缩裂缝的主要原因如下：砖混建筑主要由砖墙、钢筋混凝土楼盖和屋盖组成，钢筋混凝土的线膨胀系数为 $(0.8 \sim 1.4) \times 10^{-5}/℃$，砖砌体为 $(0.5 \sim 0.8) \times 10^{-5}/℃$，钢筋混凝土的收缩值为 $(15 \sim 20) \times 10^{-6}$，而砖砌体收缩不明显。当环境温度变化和材料收缩时，两种材料的膨胀系数和收缩率不同，因此将产生各自不同的变形。当建筑物一部分结构发生变形，而又受到另一部分结构的约束时，其结果必然在结构内部产生应力。当温度升高时钢筋混凝土变形大于砖，砖墙阻止屋盖（或楼盖）伸长，因此在屋盖（楼盖）中产生压应力，在墙体中引起拉应力和剪应力。当墙体中的主拉应力超过砌体的抗拉能力时，就在墙中产生斜裂缝（八字形缝）。女儿墙角与根部产生裂缝的主要原因是屋盖的温度变形。贯穿的竖直裂缝其发生原因往往是由于房屋太长和伸缩缝间距太大。单层厂房在生活间处的水平裂缝除了少数是由地基不均匀下沉引起的外，主要是由于屋面板在阳光暴晒下，温度升高而伸长，使砖墙受到较大的水平推力而造成的。

（三）建筑构造

建筑构造不合理也会造成砖墙裂缝的发生。最常见的是在扩建工程中，新旧建筑砖墙如果没有适当的构造措施而砌成整体，在新旧墙结合处往往发生裂缝。其他如圈梁不封闭、变形缝设置不当等均可能造成砖墙局部裂缝。

（四）施工质量

砖墙在砌筑中由于组砌方法不合理，重缝、通缝多等施工质量问题，导致砖墙中往往出现不规则的较宽裂缝。另外，预留脚手眼的位置不当、断砖集中使用、整砖砌筑中砂浆不饱满等也易引起裂缝的产生。

（五）相邻建筑的影响

在已有建筑邻近新盖多层、高层建筑的施工中，由于开挖、排水、人工降低地下水位、打桩等都可能影响原有建筑地基基础和上部结构，从而造成砖墙开裂，如图5-69所示。另外，因新建工程的荷载造成旧建筑地基应力和变形加大，使旧建筑产生新的不均匀沉降，以致造成砖墙等处产生裂缝。

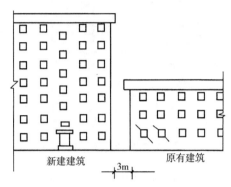

新建建筑　　3m　　原有建筑

图5-69 相邻建筑物引起的裂缝

（六）受力裂缝

砖砌体受力后开裂的主要特征如下：一般轴心受压或小偏心受压的墙、柱裂缝方向是垂直的；在大偏心受压时，可出现水平方向裂缝，裂缝位置常在墙、柱下部1/2外，上、下两端除了局部承载力不足外，一般很少有裂缝。裂缝宽度为0.1～0.3mm，中间宽、两端细。通常在楼盖（屋盖）支撑拆除后立即可见裂缝，也有少数在使用荷载突然增加时开裂。在梁底由于局部受压承载力不足也可能出现裂缝，其特征与上述裂缝情况类似。砖砌体受力后产生裂缝的原因比较复杂，如设计断面过小、稳定性不够、结构构造不合理、砖及砂浆强度等级过低等均可能引起开裂。

三、砌体结构裂缝修补

（一）砖砌体填缝封闭修补法

砖砌体填缝封闭修补法通常用于墙体外观维修和裂缝较浅的场合。常用材料有水泥砂浆、聚合水泥砂浆等。这类硬质填缝材料极限拉伸率很低，如砌体裂缝尚未稳定，修补后可能再次开裂。

这类填缝封闭修补法的工序为：先将裂缝清理干净，用勾缝刀、抹子、刮刀等工具将1：3的水泥砂浆或比砌筑强度高一级的水泥砂浆或掺有108胶的聚合水泥砂浆填入砖缝内。

（二）配筋填缝封闭修补法

当裂缝较宽时，可采用配筋水泥砂浆填缝的修补方法，即在与裂缝相交的灰缝中嵌入细钢筋，然后再用水泥砂浆填缝。

这种方法的具体做法是在缝两侧每隔 4 ~ 5 皮砖剔凿一道长 800 ~ 1 000mm，深 30 ~ 40mm 的砖缝，埋入一根 F66 钢筋，端部弯成直钩并嵌入砖墙竖缝内，然后用强度等级为 M10 的水泥砂浆嵌填碾实，如图 5–70 所示。

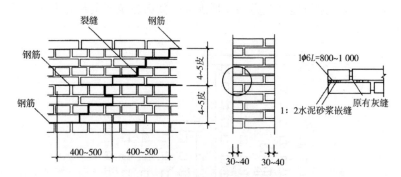

图 5–70 配筋填缝封闭修补法

施工时应注意以下几点：①两面不要剔同一条缝，最好隔 2 皮砖；②必须处理好一面并待砂浆有一定强度后再施工另一面；③修补前剔开的砖缝要充分浇水湿润，修补后必须浇水养护。

（三）灌浆修补法

当裂缝较细，裂缝数量较多，发展已基本稳定时，可采用灌浆修补法。它是工程中最常用的裂缝修补方法。

灌浆修补法是利用浆液自身重力或加压设备将含有胶合材料的水泥浆液和化学浆液灌入裂缝内，使裂缝黏合起来的一种修补方法，如图 5–71、5–72 所示。这种方法设备简单，施工方便，价格便宜，修补后的砌体可以达到甚至超过原砌体的承载力，裂缝不会在原来位置重复出现。

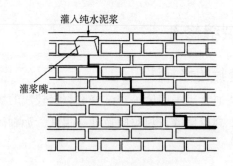

图 5–71 重力灌浆示意图

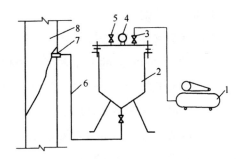

1—空压机；2—压浆罐；3—进气阀；4—压力表；5—进浆口；6—输送管；7—灌浆嘴；8—墙体

图 5-72　压力灌浆装置示意图

灌浆常用的材料有纯水泥浆、水泥砂浆、水玻璃砂浆和水泥灰浆等。在砌体修补中，可用纯水泥浆，因纯水泥浆的可灌性较好，可顺利地灌入贯通外漏的孔隙内，对于宽度为 3mm 左右的裂缝可以灌实。若裂缝宽度大于 5mm 时，可采用水泥砂浆。裂缝细小时，可采用压力灌浆。灌浆浆液配合比见表 5-6。

表 5-6　裂缝灌浆浆液配合比

浆别	水泥	水	胶结料	砂
稀浆	1	0.9	0.2（108 胶）	—
	1	0.9	0.2（二元乳胶）	—
	1	0.9	0.01 ~ 0.02（水玻璃）	—
	1	1.2	0.06（聚醋酸乙烯）	—
稠浆	1	0.6	0.2（108 胶）	—
	1	0.6	0.15（二元乳胶）	—
	1	0.7	0.01 ~ 0.02（水玻璃）	—
	1	0.74	0.055（聚醋酸乙烯）	—
砂浆	1	0.6	0.2（108 胶）	1
	1	0.6 ~ 0.7	0.5（二元乳胶）	1
	1	0.6	0.01 ~ 0.02（水玻璃）	1
	1	0.4 ~ 0.7	0.06（聚醋酸乙烯）	1

水泥灌浆浆液中需掺入悬浮型外加剂，以提高水泥的悬浮性，延缓水泥沉淀时间，防止灌浆设备及输送系统堵塞。外加剂一般采用聚乙烯醇、水玻璃或 108 胶。掺入外加剂后，水泥浆液的强度略有提高。掺有 108 胶还可以增强黏结力，但掺量过大，会使灌浆材料的强度降低。

灌浆法修补裂缝的工艺流程如下：

①清理裂缝，使裂缝通道贯通，不堵塞。

②灌浆嘴布置。在裂缝交叉处和裂缝端部均应设灌浆嘴，布置灌浆嘴间距可按照裂缝宽度大小在 250 ~ 500mm 选取。厚度大于 360mm 的墙体应在墙体两面都设灌浆嘴。在墙体设置的灌浆嘴处，应预先钻孔，孔径稍大于灌浆嘴外径，孔深 30 ~ 40mm，孔内应冲洗干净，并先用纯水泥浆涂刷，然后用 1 ：2 水泥砂浆固定灌浆嘴。

③用加有促凝剂的 1 ：2 水泥砂浆嵌缝，以避免灌浆时浆液外溢。嵌缝时应注意将混水砖墙裂缝附近的粉刷层剔除，冲洗干净后，用砂浆嵌缝。

④待封闭层砂浆达到一定强度后，先向每个灌浆嘴中灌入适量的水，使灌浆通道畅通。再用 0.2 ~ 0.5MPa 的压缩空气检查通道泄漏程度，如泄漏较大，应进行补漏。然后进行压力灌浆，灌浆顺序自上而下，当附近灌浆嘴溢出或进浆嘴不进浆时方可停止灌浆。灌浆压力控制在 0.2MPa 左右，但不宜超过 0.25MPa。发现墙体局部冒浆时，应停灌浆约 15min 或用快硬水泥砂浆临时堵塞，然后再进行灌浆。当向靠近基础或楼板（多孔板）处灌入大量浆液仍未灌满时，应增大浆液浓度或停 1 ~ 2h 后再灌。

⑤全部灌完后，停 30min 再进行二次补灌，以提高灌浆密实度。

⑥拆除或切除灌浆嘴，表面清理抹平，冲洗设备。

对于水平的通长裂缝，可沿裂缝钻孔，做成销键，以加强两边砌体的共同作用。销键直径为 25mm，间距为 250 ~ 300mm，深度可以比墙厚小 20 ~ 25mm。做完销键后再进行灌浆，灌浆方法同上。

参考文献

[1] 敬登虎，曹双寅. 工程结构鉴定与加固改造技术——方法·实践 [M]. 南京：东南大学出版社，2015.

[2] 石元印，邓富强. 建筑施工技术 [M]. 4 版. 重庆：重庆大学出版社，2016.

[3] 谭界雄，高大水，周和清，等. 水库大坝加固技术 [M]. 北京：中国水利水电出版社，2011.

[4] 王德华，吴体，梁爽. 土木工程检测鉴定与加固改造——第十三届全国建筑物鉴定与加固改造学术会议论文集 [C]. 北京：中国建材工业出版社，2016.

[5] 曹大燕，邓浩，梁爽. 土木工程检测鉴定与加固改造新进展——全国建筑物检测鉴定与加固改造第十二届学术交流会论文集 [C]. 北京：中国建材工业出版社，2014.